BOURGOGNE/FRANCHE-COMTÉ
Les relations ambiguës entre deux régions sœurs et rivales

Collaborateurs :

Patrick Mille :
Réalisation des cartes et mise en pages

Claire Francart :
Relecture du texte

5-7, rue de l'Ecole polytechnique ; 75005 Paris

http://www.librairieharmattan.com
diffusion.harmattan@wanadoo.fr
harmattan1@wanadoo.fr

ISBN : 978-2-296-11258-2
EAN : 9782296112582

Robert Chapuis

BOURGOGNE/FRANCHE-COMTÉ
Les relations ambiguës entre deux régions sœurs et rivales

L'Harmattan

Historiques
dirigée par Bruno Péquignot et Denis Rolland

La collection "Historiques" a pour vocation de présenter les recherches les plus récentes en sciences historiques. La collection est ouverte à la diversité des thèmes d'étude et des périodes historiques.
Elle comprend deux séries : la première s'intitulant "travaux" est ouverte aux études respectant une démarche scientifique (l'accent est particulièrement mis sur la recherche universitaire) tandis que la seconde, intitulée "Sources", a pour objectif d'éditer des témoignages de contemporains relatifs à des événements d'ampleur historique ou de publier tout texte dont la diffusion enrichira le corpus documentaire de l'historien.

Série travaux

Pascale PELLERIN, *Les philosophes des Lumières dans la France des années noires : Voltaire, Montesquieu, Rousseau et Diderot, 1940-1944*, 2009.
Didier CHAUVET, *Georg Elsner et l'attentat du 8 novembre 1939 contre Hitler*, 2009.

Ayant longtemps enseigné la géographie, aussi bien à l'Université de Franche-Comté qu'à l'Université de Bourgogne, j'aime à dire que j'ai désormais la « double régionalité ». D'autant que j'ai écrit aussi bien sur la Franche-Comté : Atlas de Franche-Comté, Les ruraux du Doubs dans les années 1970-1980 et récemment, La Haute Vallée de la Loue (2006), Vers des campagnes citadines : le Doubs (1975-2005) (2007), que sur la Bourgogne : L'agglomération dijonnaise (1988), Dijon (1989, 2004), Mâcon (2005), Chalon-sur-Saône (2005), Auxerre (2005), Nevers (2005), Côte-d'Or (1995, 1997), Bourgogne (1985, 1987, 1988, 1994, 1996, 2001, 2004).

Au cours de ces nombreuses années, j'ai eu souvent l'occasion de constater, alors que leurs deux régions sont voisines et que, apparemment, aucun obstacle géographique notable ne les sépare, combien Bourguignons et Comtois se méconnaissent et combien perdure une méfiance réciproque. La curiosité m'a poussé à connaître les raisons de cette situation. Mes recherches ont montré que le sujet n'avait guère intéressé les historiens, aussi bien comtois que bourguignons. Il m'a fallu alors rassembler la documentation historique existante, très éparse, et contacter, pour la partie contemporaine, des personnes et des organismes susceptibles de m'éclairer sur la question. Une première synthèse de ces recherches a été présentée à l'Université pour Tous de Bourgogne en 2006-2007, puis à l'Université Ouverte de Franche-Comté, en 2007-2008. Ces conférences ayant, je crois, intéressé mes auditeurs, j'ai pensé en faire profiter un public plus large, sous la forme plus élaborée d'un livre.

Tout au long de leur histoire, les deux régions et leurs deux capitales se sont toujours jalousées, souvent querellées, parfois combattues, et finalement rarement entendues, alors qu'elles sont voisines et que bien des traits de leur configuration géographique devraient les pousser à s'entendre, sinon à s'unir. Or il se trouve que le nouveau millénaire a vu leurs relations se dégeler, à la fois au niveau politique, universitaire et économique. Le moment semble donc venu de mieux comprendre les raisons de cette longue bouderie, d'analyser les facteurs de ce réchauffement et, pourquoi pas, d'apporter une pierre à la réconciliation.

Plus précisément, la question qui se pose est donc de comprendre pourquoi la Bourgogne et la Franche-Comté, qui se sont « formées autour d'une convergence privilégiée d'itinéraires, dans un des plus anciens carrefours de l'Europe »[17], qui ont vécu à plusieurs reprises sous les mêmes princes et qui ont porté le même nom (la Franche-Comté s'est longtemps appelée « Comté de Bourgogne ») n'ont finalement pas formé une seule entité, notamment dans les années cinquante, lorsqu'elles se sont constituées en deux régions administratives différentes, alors que la plupart des projets de découpage de la France penchaient vers la formation d'une seule grande région du Centre-Est ?

La réponse n'apparaît ni simple, ni évidente car interviennent à la fois la géographie (au sens de « faits géographiques ») et l'histoire (au sens de « événements du passé »). Comme l'explique le géographe Jean-Christophe Victor (l'auteur du *Dessous des cartes*, sur Arte), « la géographie exerce une contrainte sur les hommes et leurs activités, et réciproquement. Tout événement se trouve influencé par le lieu où il se déroule, et influence à son tour l'action individuelle ou collective (…). Tout le problème étant évidemment de soupeser, dans la mesure où c'est possible, le poids de la géographie et celui de l'histoire ! ».

Ainsi, avant d'envisager l'histoire de leurs relations, je m'intéresserai à la géographie des deux régions, géographie entendue ici au sens de « l'organisation physique du territoire », de façon à en mieux évaluer les contraintes et les atouts.

Deux régions pour un seul territoire ?

Les territoires bourguignons et comtois dont il sera question dans cet ouvrage correspondent aux limites actuelles des deux régions. Je ne prendrai pas en compte les changements de limites que les deux provinces ont historiquement connus : j'en rappelle seulement ici les principaux traits.

La Bourgogne actuelle diffère sensiblement du duché du même nom, devenu province après son annexion à la France en 1478. Par rapport à l'ancienne province, en simplifiant beaucoup, elle s'est agrandie de la Nièvre (ex-Nivernais, incorporé à la région un peu malgré lui, sa préférence allant à son intégration à une région Centre) et du nord de l'Yonne (région de Sens), mais elle a perdu le département de l'Ain, rattaché à la région Rhône-Alpes.

La Franche-Comté actuelle, dont les limites historiques ont relativement peu varié, s'est tout de même augmenté du Pays de Montbéliard, annexé militairement en 1793, et du Territoire de Belfort : traditionnellement rattaché à l'Alsace, celui-ci s'est trouvé finalement incorporé au département du Doubs après 1871, l'héroïque résistance de Denfert-Rochereau et le fait que l'on y parlait français lui ayant permis d'échapper à son intégration dans l'Empire allemand.

La Bourgogne et la Franche-Comté sont organisées autour d'un couloir de plaines, parcouru par la Saône et le cours inférieur du Doubs, qui relie le sud et le nord de l'Europe et se trouve encadré par des hauteurs qui le bordent à l'est et à l'ouest (*fig. 1*).

Un couloir et deux rivières

Le couloir de plaine qui forme le cœur des deux régions prolonge vers le nord celui de la vallée du Rhône et ouvre un passage entre la Méditerranée et l'Europe occidentale, centrale, orientale et scandinave. Mais, alors que les plaines de la vallée du Rhône forment un sillon étroit et barré de défilés et que les passages vers l'est ou l'ouest, entre Massif central et Alpes, sont peu nombreux (vallée de l'Isère) ou difficiles (dépression de Saint-Etienne), ce sillon se dilate au nord de Lyon en une plaine large d'une centaine de kilomètres, car l'arc jurassien oblique vers le nord-est. A l'exception de la Dombes, rattachée à Rhône-Alpes, c'est autour de cette ample dépression, encadrée de reliefs généralement moins élevés et plus ouverts que les Alpes et le Massif central, que s'agencent les deux régions.

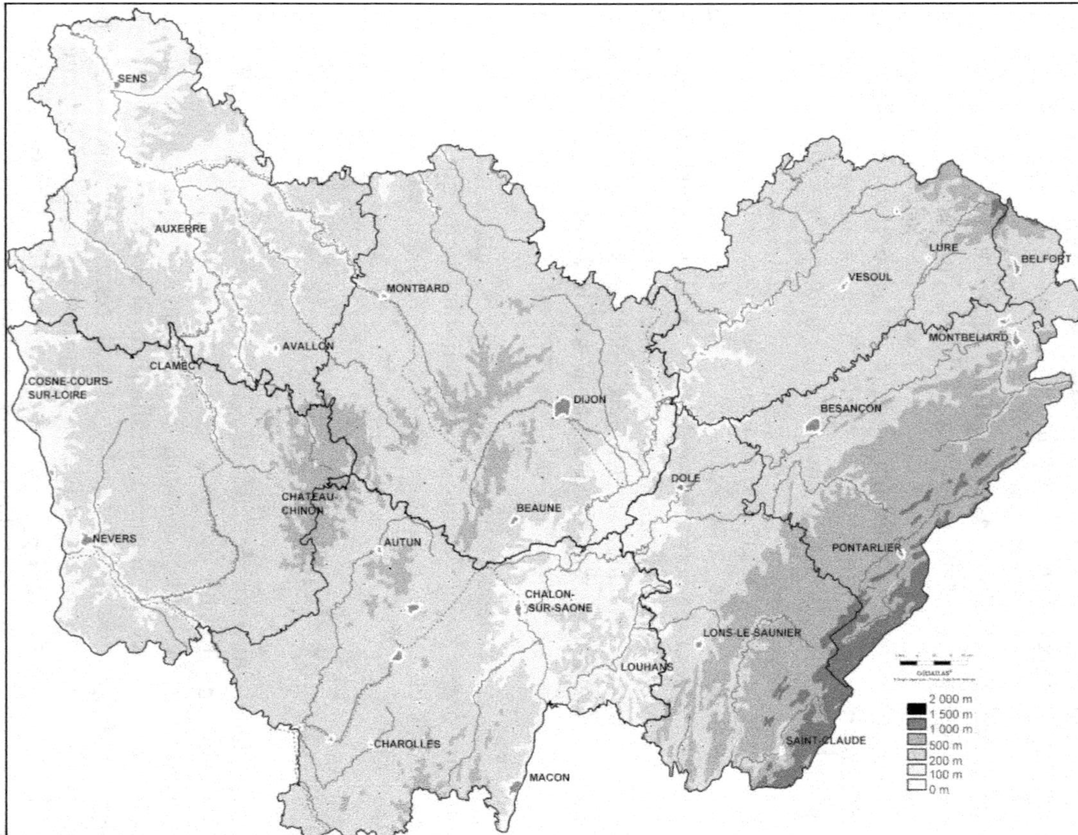

Géoatlas, graphi-Ogre, 2000.

Figure 1. Le relief

Un couloir de plaines, hétérogène, parfois répulsif

La dépression dans laquelle coule la Saône correspond à un fossé qui s'est effondré au tertiaire (oligocène) entre des failles bordières particulièrement visibles dans la Côte viticole bourguignonne. Ce Fossé bressan, comme l'appellent les géologues, a été occupé par un lac, puis remblayé, sauf au nord, par des conglomérats, des argiles, des marnes, des sables et des calcaires qui contribuent à le diversifier dans le détail (*fig.* 2*)*). Si, au nord de Lyon, la Dombes se situe hors du territoire qui nous intéresse ici, en revanche, le centre et le nord du Fossé se localisent en Bourgogne, pour la plus large part, ainsi que, plus marginalement, en Franche-Comté.

La Bresse, plaine vallonnée d'environ 200 m d'altitude, façonnée dans des marnes recouvertes irrégulièrement de sables et de limons, est une zone humide, tardivement défrichée, où champs et prairies sont coupés de haies, d'étangs, de bois. La Plaine dijonnaise qui prolonge la Bresse apparaît plus diversifiée. La partie méridionale, aux sols plutôt pauvres est couverte de forêts que les moines de Cîteaux ont trouées de clairières et de prairies humides. La partie septentrionale, en revanche, porte des argiles jaunes, très riches, donnant une sorte de petite Beauce où domine la grande culture. La Plaine dijonnaise est continuée, en Franche-Comté, au nord-est par la plaine de Gray traversée par la Saône et au sud-est par le Finage, tous deux pays de grande culture ; la plaine doloise, installée sur le cône de déjection d'une ancienne rivière réunissant le Doubs et le Rhin est au contraire occupée en partie par la forêt de Chaux. Au nord de la Plaine dijonnaise, dans la plaine de Mirebeau et le Pays de la Vingeanne, la remontée du plancher du Fossé fait réapparaître un calcaire semblable à celui des plateaux de Haute-Saône, souvent domaine de la forêt, parfois masqué par de riches argiles jaune qui portent des cultures, parfois troué de plaines alluviales consacrées aux prairies.

Ce couloir de plaines n'apparaît finalement, au moins dans sa moitié méridionale (Bresse, sud de la Plaine dijonnaise), pas aussi favorable à la circulation qu'il n'y paraît, en particulier dans un environnement technique traditionnel, comme celui qui précède la révolution industrielle : forêts, marécages, plaines humides gênent les communications. Mais, comme ce couloir représente un passage essentiel vers l'Europe du Nord-ouest, du Nord et de l'Est, et comme les voies de communication ont pu utiliser les hautes terrasses de la Saône, plus égouttées, ou les bordures de la plaine aux sols plus secs (Côte viticole à l'ouest, pied du Jura à l'est), il a été utilisé dès l'époque préhistorique, d'autant qu'il est parcouru par la Saône et le Doubs, deux rivières importantes, et donc navigables.

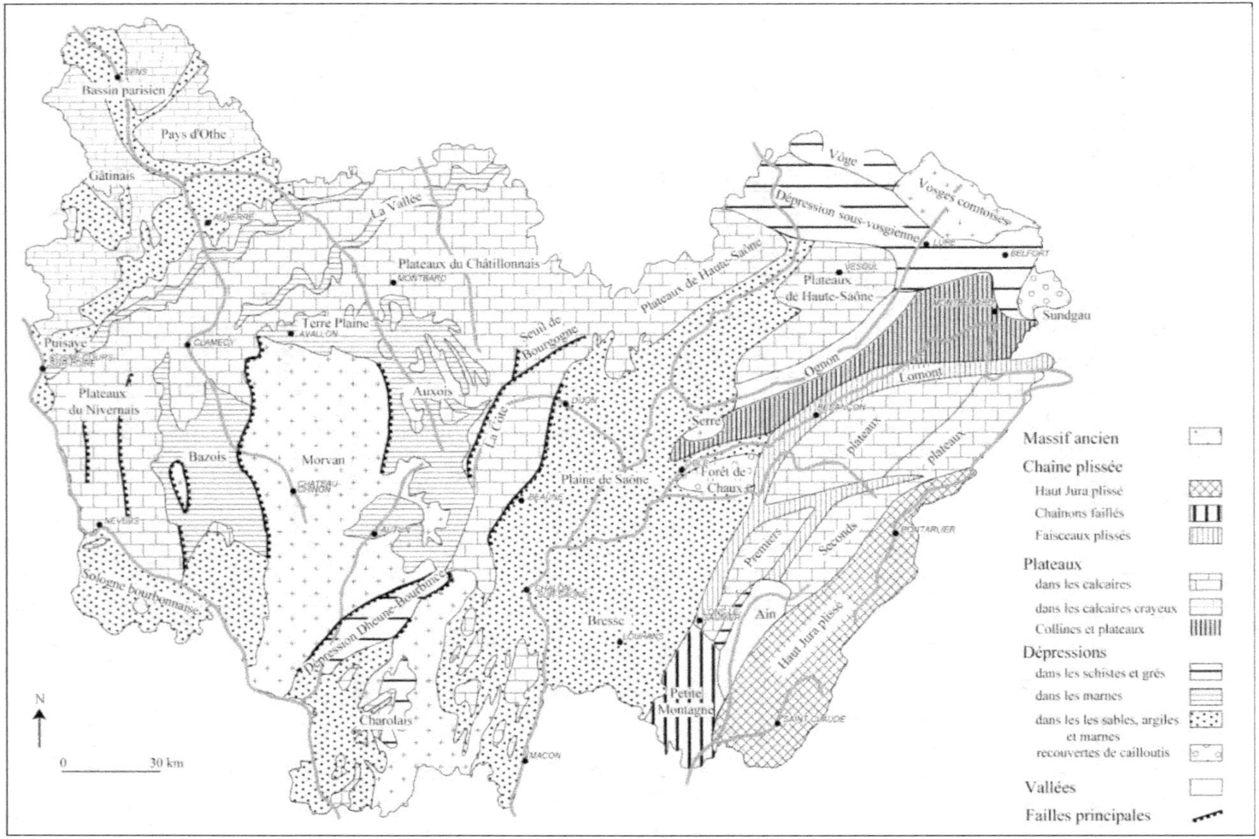

Figure 2. Type de relief et structure géologique

Altas et géographie de la Haute-Bourgogne et de la Franche-Comté, Flammarion,1978.

Photo 1. La plaine de la Saône à la fourche Saône/Doubs

La fourche Saône/Doubs

La Saône, longue de 480 km, prend sa source dans les Vosges et draine un bassin d'environ 30 000 km², dont plus des trois quarts se déploient en Bourgogne et Franche-Comté, avec deux affluents principaux, le Doubs et l'Ognon, et d'autres affluents ou sous-affluents (en rive droite Tille, Ouche, Dheune, Grosne, en rive gauche Loue, Seille) (*Photo 1*). Sa plaine alluviale, large de deux à quatre kilomètres, longtemps occupée par de vastes prairies inondables est, depuis une vingtaine d'années de plus en plus retournée au profit du maïs. Elle a servi, depuis le VIe siècle avant J.C. au moins, de voie navigable permettant de relier, après transbordement, la Méditerranée à l'Europe du Nord-Ouest (route de l'étain), ainsi qu'à l'Europe du Nord et du Nord-Est. En revanche, la largeur de son cours et l'humidité des terres qui la bordent en ont fait, à plusieurs reprises au cours de l'histoire, un obstacle et donc une frontière entre les territoires bourguignons et francs-comtois. Deux géographes, R. Brunet et F. Claval estiment d'ailleurs que les deux régions « sont moins unies que séparées par la plaine de la Saône ». [17]

La vallée du Doubs, plus encaissée, sauf dans sa partie aval vers Dole et dans sa partie moyenne vers Montbéliard, offre un passage moins facile, aussi bien par voie d'eau (l'échec du Grand canal vient en partie de la nécessité de multiplier les écluses) que par voie de terre (l'autoroute A36 quitte la vallée pour le plateau). Cette voie n'en constitue pas moins un passage essentiel vers la Porte d'Alsace, terme préférable à la dénomination de Porte de Bourgogne qui prête à confusion avec le Seuil de Bourgogne. On peut se demander d'ailleurs si cet embranchement de la vallée du Doubs sur la vallée de la Saône, autour duquel s'est organisée la Franche-Comté, n'a pas contribué également à séparer les deux régions. En effet, la Saône et ses affluents de rive droite n'ont-ils pas poussé la Bourgogne à regarder plutôt vers le nord (Lorraine, Allemagne du nord, Scandinavie) et le nord-ouest (Bassin parisien, Benelux, Grande-Bretagne) que vers le nord-est, alors que le Doubs orientait plutôt la Franche-Comté vers le nord-est (Allemagne du Sud, Europe centrale) et orientale ? L'attraction actuelle de la région de Sens vers Paris et celle de Belfort-Montbéliard vers l'Alsace ne symbolise-t-elle pas ces orientations historiquement divergentes ? Seul un centre historique situé sur Chalon-sur-Saône, à la quasi-confluence de la Saône et du Doubs, aurait peut-être pu maîtriser les deux branches de cette fourche et organiser une grande région Bourgogne/Franche-Comté, délestée, il est vrai, de la Nièvre, si peu bourguignonne, et du Sénonais, si proche de la capitale.

Une bordure occidentale peu élevée et peu ébréchée

Le contact du Fossé bressan avec les reliefs occidentaux se réalise par un talus plus ou moins complexe dû aux failles le long desquelles le Fossé s'est effondré et à la nature des roches qui le composent. Du nord au sud, trois types de relief s'y succèdent.

Le Seuil de Bourgogne : un seuil sur lequel on bute…

Entre Dijon et Chagny, le talus est formé par la Côte, talus qui, portant le célèbre vignoble, a donné son nom au département de Côte-d'Or. Relativement rigide, il n'est entamé que par de courtes reculées, appelées ici des « combes » et par la vallée de l'Ouche qui s'enfonce assez profondément dans le plateau et ouvre Dijon vers le Seuil de Bourgogne. En arrière de ce talus, s'étend ici un vaste plateau calcaire, sec, coupé de rares vallées qui descendent vers le Bassin parisien (Seine, Brenne, Armançon) ou vers la Saône (Ouche). Il s'agit de la prolongation du Plateau de Langres qui, en arrière de Dijon, prend le nom de Montagne (dénomination due plus au climat relativement rude qu'à une altitude située entre 450 et 600 m), puis plus loin vers le nord-ouest, celui de Châtillonnais. Ce plateau, encadré par des massifs anciens plus élevés (Morvan au sud-ouest, Vosges au nord-est), fonctionne comme un seuil relativement large, le Seuil de Bourgogne, entre les bassins de la Saône et de la Seine. L'altitude du Seuil, plus faible que celle des massifs qui l'encadrent, se trouve toutefois plus élevée que celle de la plaine de Saône et du Bassin parisien. C'est là que se situe la ligne de partage des eaux entre Manche, Atlantique et Méditerranée.

Au-delà du Châtillonnais, vers le nord-ouest, on entre en Basse Bourgogne, fragment du Bassin parisien ne dépassant pas 300 m, comprenant d'abord des plateaux calcaires (Tonnerrois, Auxerrois) puis, au-delà, de bas plateaux aux terrains moins résistants (argiles, sables, marnes, craie), recouverts parfois de limons fertiles, parfois de cailloutis assez pauvres. Ici, le Seuil s'ouvre donc sur un territoire qui ne présente généralement pas d'obstacles et même où les vallées de l'Armançon et de l'Yonne ouvrent de larges voies de passage : c'est d'ailleurs à ce niveau que la Bourgogne peine à trouver ses limites et qu'elle a historiquement beaucoup varié.

En revanche, côté Fossé bressan, l'autre versant du Seuil offre un véritable obstacle car, si l'Ouche ouvre d'abord une brèche favorable dans le plateau, sa vallée oblique bientôt vers le sud-ouest, obligeant les voies de communication en direction de Paris, à la quitter et à grimper sur le plateau par une rude montée, comme le fait l'A 38 pour accéder à Pouilly-en-Auxois ou à franchir l'obstacle grâce à plusieurs viaducs puis par le tunnel de Blaisy. Le passage vers le Bassin parisien, par Dijon, n'est donc pas le plus commode, ni le plus court : il faudra de rudes batailles pour que le PLM passe par Dijon, vers le milieu du XIXe siècle !

La dépression Dheune-Bourbince et les autres échancrures

Au talus formé par la Côte d'Or (sans tiret : il s'agit du talus et pas du département) fait suite, entre Chagny et Tournus, la Côte chalonnaise, elle aussi limitée par des failles, mais le talus est ici moins puissant et plus complexe qu'au nord, car formé d'une bande étroite de terrains calcaires, disloqués et basculés vers l'ouest ou vers l'est. L'intérêt pour la circulation provient de ce que ce talus est échancré par deux entailles inégalement intéressantes. Au nord, le fossé d'effondrement nord-est/sud-ouest de la Dheune-Bourbince permet de relier la Saône à la Loire par la région de Montceau-les-Mines et du Creusot : le canal du Centre l'emprunte ainsi que la RCEA (Route Centre Europe Atlantique) entre Chalon-sur-Saône et Digoin. En revanche, au sud, la large ouverture suivie par la Grosne, d'abord orientée nord-est/sud-ouest, comme la précédente, mais qui oblique ensuite vers le sud pour venir buter contre les monts du Mâconnais à proximité de l'abbaye de Cluny, ne pratique donc pas la brèche qui donnerait accès à la Loire. Pas plus que la dépression du bassin d'Autun qui s'ouvre, elle, sur la Loire par l'Arroux, mais ne parvient pas jusqu'au fossé de la Saône.

Plus au sud, entre Tournus et Mâcon, les calcaires du Mâconnais s'avancent en coin dans le Fossé bressan et plongent vers l'est, sous ses matériaux de remplissage. Ils offrent ainsi des sortes de cuestas dont le front est orienté vers l'ouest comme la célèbre Roche de Solutré, ou même ils disparaissent pour laisser le massif ancien entrer directement en contact avec le Fossé : on voit qu'ici, l'accès vers la Loire est difficile, comme en fait foi le profil de l'autre branche de la RCEA, entre Mâcon et Paray-le-Monial.

En arrière plan : le Morvan et ses bordures

Au sud des plateaux calcaires de la Montagne et du Châtillonnais, commence un tout autre ensemble morphologique, le massif ancien du Morvan et ses bordures, auquel fait suite, vers le sud, le Charolais.

Le Morvan (*Photo 2*), auquel on peut annexer l'Autunois, se présente comme une sorte d'avant-garde du Massif central, formant une sorte de coin de granite qui perce la couverture sédimentaire. Tout en restant une montagne discrète par ses formes arrondies et son altitude modeste (entre 300 et 900 m.), il forme un véritable obstacle par sa massivité, ses vallées profondément incisées et son climat rude : la route qui relie Autun à Nevers montre assez les difficultés qu'il occasionne. Vers le sud, au-delà de la dépression Dheune-Bourbince, le Morvan est auréolé d'un croissant de plaines argileuses : à l'ouest, le Bazois vallonné, à l'est, l'Auxois accidenté de buttes, et au nord, la Terre-Plaine, véritable plaine. Auxois et Terre-Plaine offrent des passages relativement faciles permettant de contourner l'obstacle du Morvan, une fois franchi le talus bordant le Fossé bressan : la RN6, l'A6 et la ligne TGV empruntent ces dépressions pour gagner le Bassin parisien.

A l'ouest du Morvan, au-delà du Bazois, on retrouve sur les plateaux de la Nièvre les mêmes calcaires qu'en Châtillonnais, Auxerrois et Tonnerrois, mais recouverts ici d'un épais manteau d'argile à chailles (provenant de la décomposition du calcaire) qui amollit la topographie, appauvrit les sols et laisse place à de vastes forêts. Toutefois, géographiquement on n'est déjà plus en Bourgogne et on s'y trouve moins encore dans le large Val de Loire, plus tourné vers la région Centre et Paris que vers la Bourgogne historique.

http://valdormant.free.fr

Photo 2. Le Morvan

Une bordure occidentale finalement peu échancrée

En somme, cette bordure occidentale du fossé de la Saône, sans être très élevée, n'offre que deux ouvertures relativement commodes : l'une vers l'ouest, par la Dheune-Bourbince qui ouvre sur la Loire et la France de l'ouest (voie symbolisée aujourd'hui par la RCEA), et l'autre, le Seuil de Bourgogne qui ouvre sur le Bassin parisien et, au-delà, sur la Grande Bretagne ou les Pays-Bas. Ailleurs, l'existence des plaines qui entourent le Morvan, en arrière du talus du Fossé bressan, ainsi que les progrès techniques réalisés en matière de communication ont facilité le passage par quelques autres brèches moins évidentes, comme celle qu'empruntent la RN 6, vers Chalon-sur-Saône, l'A6, vers Beaune, et plus récemment la ligne TGV qui, par Mâcon, relie le plus directement possible Paris à Lyon, tout en contournant le Morvan. En somme, selon les possibilités techniques et les orientations économiques du moment, tel ou tel passage a été préféré à d'autres, les plus faciles n'étant pas toujours les plus utilisés. J.J. Bavoux souligne d'ailleurs que « du Moyen-Âge à nos jours, il est fait référence à plusieurs dizaines d'itinéraires routiers qui, semble-t-il, ont tous été employés (même brièvement et secondairement) à telle ou telle époque ». [3]

Une bordure orientale généralement plus élevée et plus massive

La barrière du Jura

La bordure orientale des plaines de la Saône apparaît à la fois plus simple, plus élevée et plus massive que la bordure occidentale. L'essentiel est composé par la chaîne du Jura qui s'incurve progressivement vers le nord-est et élargit ainsi le couloir de plaines jusqu'au niveau de Dole. Sans être très élevé en Franche-Comté (Mont d'Or 1460 m., crêt Pela vers Saint-Claude 1495 m.), le Jura oppose une barrière parfois plus difficile à franchir que les Alpes, aucune vallée ne franchissant complètement la chaîne (*Photo 3*). En effet, le Doubs longe l'arc jurassien dans sa partie aval, s'y imprime longitudinalement dans sa partie amont et ne le franchit qu'à son extrémité par une gorge profonde sans intérêt pour la circulation. La Loue ne traverse le Jura qu'en partie et par une gorge étroite dans sa partie amont ; l'Ain suit l'orientation générale nord-est/sud-ouest de la chaîne mais ne la traverse pas.

La configuration de la chaîne du Jura elle-même ne facilite pas la circulation. En simplifiant, elle s'organise en trois ensembles massifs. Les Premiers plateaux constituent une sorte de croissant orienté du sud-ouest au nord-est, formé d'une épaisse dalle calcaire, dénivelée en plusieurs niveaux situés entre 450 et 650 m d'altitude. Les Seconds plateaux, calcaires eux aussi, composent un ensemble parallèle, plus élevé (700 à 1000 m.) et localement travaillé par d'anciens glaciers, d'où la présence de marais, de tourbières (Frasne) et de lacs, comme dans le sud du Jura (Clairvaux). Plus à l'est encore, s'élève le Haut Jura plissé, ensemble de monts et de vaux parallèles, eux aussi remodelés par les anciens glaciers (lac de Saint-Point), qui ne sont traversés complètement par des cluses, à la faveur de failles transversales, qu'à Pontarlier et Morez. Par ces cluses passent les deux routes principales (N57 en direction de Lausanne, N5 vers Genève) ; ailleurs, les accès routiers vers la Suisse sont beaucoup plus difficiles et, pour franchir l'obstacle, la voie ferrée a recours à des ouvrages d'art, tel le tunnel du Mont d'Or entre Frasne et Vallorbe.

Dans le détail, d'autres obstacles gênent la circulation. Les difficultés créées par la dénivellation qui sépare le pied du Jura des Premiers plateaux, puis par celle qui décale ces derniers des Deuxièmes Plateaux, sont renforcées par l'existence de chaînons étroits (les Faisceaux des géologues) qui bordent ces plateaux et accentuent donc les dénivelés. Ainsi, la circulation est gênée par une suite de faisceaux (salinois, bisontin, chaînon du Lomont) qui dominent le rebord du Jura et par l'Ondulation transversale, faisceau qui sépare les Premiers des Deuxièmes plateaux. Tout à fait au sud, dans la Petite Montagne (vers Orgelet), les couches calcaires, fortement plissées et faillées, donnent une série d'étroites rides qui accentuent la difficulté des communications. Ces obstacles obligent

Altas et géographie de la Haute-Bourgogne et de la Franche-Comté, Flammarion,1978.

Photo 3. La Barrière du Jura

donc à tracer des routes en lacets, relativement exiguës, occasion de bouchons à l'approche des villes (la côte de Morre vers Besançon), de ralentissements de la circulation et de surcoûts d'infrastructures. Par exemple, la quatre voies (incomplète) qui joint Besançon à Pontarlier s'interrompt au pied de l'Ondulation transversale ; le coût élevé des travaux du contournement de la côte de Morre, en direction de Pontarlier, dû notamment au percement de tunnels, contribue à en reporter l'achèvement depuis des années. Ces dénivellations soumettent également les voies ferrées à de fortes pentes et donc à de notables ralentissements, comme sur les lignes Dijon-Dole-Frasne-Vallorbe (Suisse) vers Arbois, ou encore Besançon-le Locle (Suisse), à la sortie de Besançon.

Les plateaux de Haute-Saône et les Vosges

Au nord-ouest de la vallée du Doubs, après une série de collines, (Avant-Monts et Collines pré-jurassiennes) ou de plaines (plaine de Montbéliard) situées entre la vallée du Doubs et la vallée de l'Ognon, s'étendent les bas plateaux calcaires de Haute-Saône, animés seulement de petits replis, de cuestas et de vallons. Facilement franchissables, et évitant l'étroite vallée du Doubs, ils ont historiquement servi surtout aux passages et à l'affrontement des armées (bataille de Villersexel pendant la guerre de 1870). Ces plateaux se poursuivent au-delà de la Saône et viennent rejoindre le plateau de Langres, au nord de Dijon, là où le plancher du fossé bressan remonte.

Au nord de ces plateaux, la Franche-Comté inclut une petite partie des Vosges, devenue Parc régional. Il s'agit d'un massif granitique culminant ici à 1216 m au ballon de Servance (proche du ballon d'Alsace), entaillé de vallées (Ognon, Rahin) façonnées par les glaciers quaternaires ; ce massif représente évidemment une autre barrière, vers le nord cette fois pour la Franche-Comté. Les Vosges sont précédées par la Dépression sous-vosgienne (région de Luxeuil-les-Bains), façonnée dans des couches sédimentaires gréseuses et qui, parsemée d'étangs et de tourbières n'a guère été utilisée par la circulation. La continuation de cette Dépression se retrouve dans la Vôge, gréseuse elle aussi, qui se poursuit en Bourgogne où elle permet un passage vers la Lorraine.

Au terme de cette présentation, on saisira mieux la question posée en introduction : pourquoi donc la Bourgogne et la Franche-Comté, « formées autour d'une convergence privilégiée d'itinéraires, dans un des plus anciens carrefours de l'Europe [17], n'ont-elles pas finalement formé une seule entité ? On comprendra mieux également la difficulté de « soupeser, dans la mesure où c'est possible, le poids de la géographie et celle de l'histoire ! » (*J.Ch. Victor)*, étant entendu que je m'intéresserai ici essentiellement au poids de la géographie, les chapitres suivants devant traiter du poids de l'histoire.

Le poids des faits géographiques

Bourgogne/Franche-Comté : une vraie région géographique ?

A une certaine échelle, la cohérence d'une grande région Bourgogne/Franche-Comté semble assez évidente. Encadré par des reliefs plus élevés, un couloir commun offre un ensemble cohérent de passages vers l'Europe du Nord-Ouest, du Nord et de l'Est. Cette grande région serait un des carrefours clés de l'Europe, symbolisé aujourd'hui par l'A6, l'A38 et l'A36 et, bientôt, par l'embranchement de la LGV Rhin-Rhône sur le Paris-Lyon quelque part vers Mâcon. La géographie, prise ici au sens de « l'organisation physique du territoire (relief, hydrographie)» semble donc « naturellement » pousser à l'existence d'une grande région qui commanderait ce rond-point européen. Les géographes ont d'ailleurs longtemps insisté, jusque vers le milieu du XIXe siècle, sur le rôle de ce qu'ils appelaient les conditions naturelles, estimant que celles-ci intervenaient puissamment dans l'évolution des sociétés humaines, ou même la déterminaient.

On remarquera toutefois que, si se créait un jour une grande région correspondant plus ou moins à ce couloir et à ses bordures, la Nièvre n'y serait évidemment pas rattachée, puisque située sur le bassin de la Loire ; la question se poserait également pour le Sénonais inclus dans le Bassin parisien. Inversement l'Ain devrait logiquement dépendre de la Bourgogne puisque la Dombes fait partie du Fossé bressan et que la chaîne du Jura s'y poursuit. En revanche, en Franche-Comté, la question d'une appartenance « naturelle » à la région ne se poserait pas vraiment, même pour le Territoire de Belfort, qui commande certes la Porte d'Alsace mais côté comtois. Enfin, dans cette Bourgogne/Franche-Comté, même délestée de la Nièvre, tout ne va pas de soi car, à une échelle plus fine, bien des ambiguïtés demeurent.

La Saône : lien ou frontière ?

La vallée de la Saône peut en effet aussi bien servir de frontière que de lien, comme l'histoire le montrera plus loin, et donc séparer ou unir les deux régions, en fonction du niveau technico-économique (des ponts ou pas), de l'organisation sociopolitique des sociétés locales (un même ensemble politique sur chaque rive de la Saône ou pas) ou tout simplement des hasards de l'histoire. Par exemple, Vidal de la Blache, dans son *Tableau de la géographie de la France* voit la Bourgogne (à laquelle il a annexé la Franche-Comté) plutôt coupée par la vallée de la Saône qui « trop envahie par les forêts et par les eaux, n'a pas l'ampleur et la force nécessaires pour fixer un centre de gravité politique. Il manqua toujours à la Bourgogne une base territoriale en rapport avec l'étendue des relations qui s'y croisent. La position est propre à inspirer des tentatives illimitées d'accroissement et de grandeur ; on s'explique le rêve de Charles le Téméraire. Mais il y a dans la structure géographique un principe de faiblesse interne pour les dominations qui essayèrent d'y prendre leur point d'appui ». [51]

La fourche Saône-Doubs : confluence ou diffluence ?

La fourche Saône-Doubs semble tout « naturellement » faire confluer Comtois et Bourguignons quelque part vers Chalon-sur-Saône où viennent se rejoindre les deux dents de la fourche. Mais on peut aussi concevoir, ce qui s'est produit le plus souvent dans l'histoire, que cette confluence se transforme en diffluence et oriente les deux régions dans deux directions différentes. La Bourgogne, grâce aux ébréchures occidentales du couloir de la Saône, regarde alors plutôt vers la Loire et vers la Seine et, par le passage de la Vôge, vers le nord (Lorraine, Rhin moyen). La Franche-Comté est alors plutôt tournée vers l'Alsace et l'Allemagne du sud, par la vallée du Doubs, la direction du nord étant barrée pour elle par les Vosges, la direction de l'est lui étant rendue peu accessible par la barrière du Jura, obstacle historiquement doublé par la frontière, parfois étanche, avec la Suisse.

Une subtile dialectique entre géographie et histoire

On comprend donc que l'organisation physique du territoire joue un certain rôle, mais toujours dans une dialectique subtile entre faits géographiques et faits historiques que le géographe G. Bertrand définit comme un « déterminisme relativé » : le milieu naturel intervient toujours plus ou moins, mais différemment selon le niveau technico-économique, et selon l'organisation politique et culturelle d'un territoire. Par exemple, dans une société disposant de médiocres voies de communication, donc peu ouverte sur l'extérieur, on essaie de produire au maximum sur place : polyculture et artisanat local sont essentiels et les échanges limités. C'est le cas pour la Bourgogne et la Franche-Comté, avant le XVIIIe siècle, cette situation étant ici renforcée par la présence de la Saône qui forme à la fois une frontière naturelle et une frontière économique puisque, à presque toutes les époques, des péages sont levés sur les marchandises en transit : au Moyen Âge, de Pontailler-sur-Saône à Lyon (250 km), cinq à six ponts seulement franchissaient la Saône.

A la fin du XVIIIe et au XIXe siècle, alors que les moyens de communication se sont améliorés (routes royales puis voies ferrées), que l'obstacle de la Saône est plus facilement franchi et que les deux régions sont soumises à un même pouvoir, on pourrait penser à une accélération des relations entre Bourgogne et Franche-Comté, mais l'histoire politique et économique intervient en sens inverse : la départementalisation fait éclater les provinces et les relations commerciales demeurent médiocres, la Bourgogne restant plutôt rurale et commerçante alors que la Franche-Comté s'industrialise.

En sens inverse, l'amélioration des communications entre les deux régions (liaison autoroutière entre Besançon et Dijon, multiplication des liaisons ferroviaires) et le projet de LGV (Ligne à Grande Vitesse) entre Mulhouse et Dijon contribuent actuellement à atténuer, sans l'effacer, le poids de l'organisation physique du territoire, et à opérer un rapprochement entre les deux régions aussi bien au niveau des Conseils Régionaux, que des Universités et des banques.

***

Dans ces conditions, deux principales possibilités de liaisons historiques entre les deux régions sont envisageables. La première est celle d'une séparation par la Saône, chacune des deux régions regardant dans des directions différentes, la Bourgogne plutôt vers le nord-ouest et le nord, la Franche-Comté vers le nord-est, situation qui correspondrait à leur organisation territoriale propre ; dans ce cas de figure les deux régions s'ignorent. La deuxième est celle d'une grande région, à cheval sur les deux rives de la Saône, qui commanderait une bonne partie du système de relations entre la Méditerranée d'une part, l'Europe du Nord-Ouest, du Nord et du Nord-Est d'autre part ; dans cette situation les deux régions se regardent.

Or, il se trouve que la première possibilité s'est plus souvent réalisée que la seconde et donc, « le grand problème que pose la géographie de cette partie de la France est le maintien, au cours des temps, d'oppositions notables entre les deux versants de la Saône ». [17] En somme, l'histoire a plus souvent fait jouer à la Saône un rôle de frontière qu'un rôle de liaison et elle a plus souvent orienté les deux régions dans des directions divergentes que convergentes. La géographie a donc bien joué un rôle, mais celui que les aléas de l'histoire ont bien voulu lui laisser.

De désunions en réunions (Ier siècle avant J.C. / 1330)

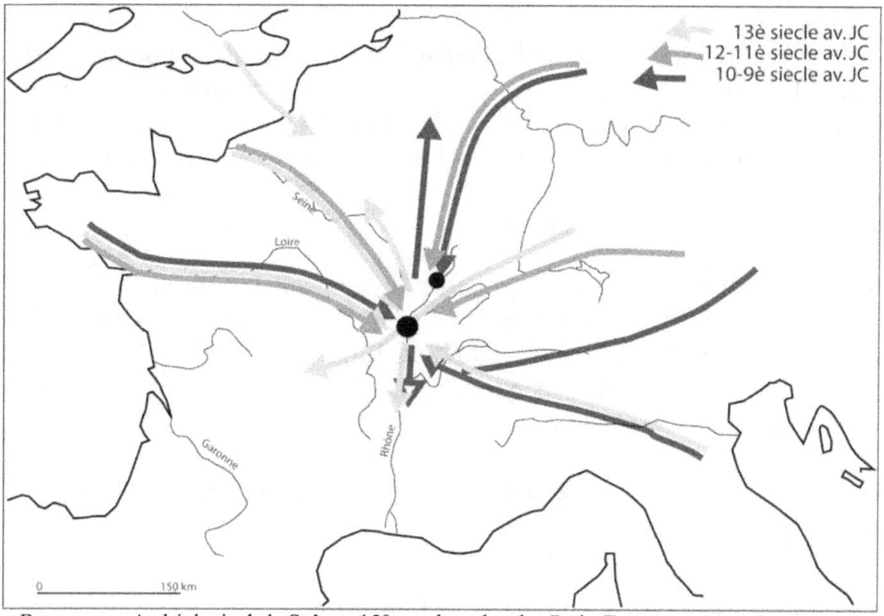

Bonnamour, Archéologie de la Saône : 150 ans de recherche, Paris, Errance.

Figure 3. La convergence des grands courants commerciaux dans la vallée de la Saône à l'Age du Bronze

De l'immense période de la préhistoire, je ne retiendrai que les quelques éléments qui ont pu contribuer vraiment à structurer ensuite l'organisation du territoire, c'est-à-dire les axes de communication.

Très tôt en effet, la vallée de la Saône joue un rôle clé dans les échanges entre l'Europe du Nord et celle du Sud. Dès l'Âge du Bronze ancien, vers 1800 à 1500 avant notre ère, elle « reçoit des influences occidentales, bretonnes voire même britanniques », mais « c'est toutefois essentiellement à la fin du bronze moyen, aux environs de 1400 à 1250 avant notre ère, puis plus encore tout au long du Bronze final, jusque vers 800-750 avant notre ère, que l'accroissement et la multiplication des échanges vont donner à la vallée de la Saône une importance accrue ». [5] (*fig. 3*) Par exemple, des objets de la fin du Bronze final, venus d'Italie méridionale, de la zone atlantique, de la région rhénane et de la civilisation des palafittes suisses ont été retrouvés dans la Saône, impliquant donc des relations avec ces régions. Plus tard, au Hallstat final (600 à 450 avant notre ère), après la fondation de la colonie grecque de Marseille, un important commerce fluvial emprunte le Rhône, puis la Saône pour se diriger vers la Seine et, par le Doubs, vers le Rhin et le Danube. La découverte à Vix, en Châtillonnais, d'un énorme vase de bronze fabriqué en Grande Grèce à la fin du VIe siècle av. J.C., témoigne de l'importance de ces échanges.

Ce commerce fluvial a très vite « été complété par un commerce terrestre partant d'Etrurie pour franchir les cols des Alpes et rejoindre les vallées du Doubs, de la Saône puis de la Seine vers le nord-ouest ou celle de l'Aare, du Rhin et du Danube vers l'est ». [5] La Franche-Comté participe donc aussi au trafic commercial « qui de l'Adriatique franchit les Alpes par le Gothard, le Valais, le col de Jougne pour aboutir (...) aux gués de la Saône ». [28]

En somme, on constate que les principaux axes qui vont structurer les deux régions, vers le nord-ouest (Bassin parisien, Îles britanniques) vers le nord (Rhin Moyen, Moselle) et le nord-est (Haut-Rhin, Danube) et le sud-est par les cols des Alpes sont en place depuis des siècles, parfois depuis un millénaire lorsque César arrive en Gaule.

Eduens, Séquanes et Romains (Ier siècle avant, Ve siècle après J.C.)

Deux peuples rivaux : Eduens et Séquanes

Vers le milieu du Ier siècle avant J.C., trois peuples celtes occupent le territoire : à l'est de la Saône, les Séquanes, de l'autre côté, au nord-ouest, les Lingons qui dominent le Châtillonnais et la région de Langres (jusque vers l'actuelle Dijon) et, au sud-est, les Eduens, qui dominent le territoire entre Saône et Loire autour de leur capitale Bibracte (*fig. 4*). Selon divers passages des Commentaires de César, « il résulterait que les Séquanes auraient atteint le Rhin, qu'à l'est le Jura les séparait des Helvètes et qu'au sud le Rhône aurait formé la frontière avec la Province romaine. Du côté de l'ouest, César dit seulement que la Saône coule en direction du Rhône à travers le territoire des Eduens et des Séquanes». [28]

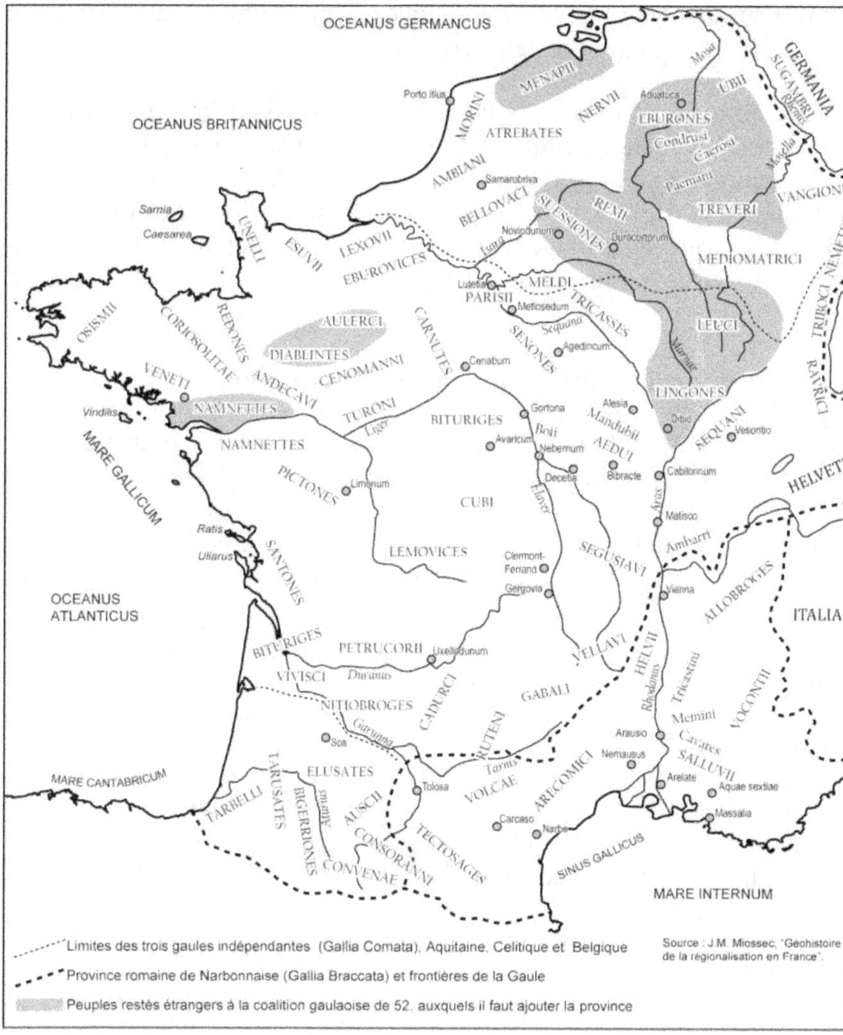

Figure 4. La Gaule au temps de Vercingétorix

Si l'on en croit Strabon, (géographe grec un peu postérieur à César) la Saône semble déjà former frontière entre Lingons, Eduens et Séquanes. Ces deux derniers peuples sont d'ailleurs sans cesse en conflit au sujet des taxes perçues sur le trafic fluvial. Toujours est-il que, lorsque César arrive en Gaule, les deux peuples sont des rivaux qui vont déclencher indirectement la conquête de la Gaule entière. En effet, Séquanes et Eduens, peuples les puissants de la Gaule, se disputent l'hégémonie sur le pays. Pour battre les Eduens, qui maîtrisent des passages importants vers la Loire et la Seine, et auxquels Rome avait attribué, à une date indéterminée, le titre de « amis et alliés du peuple romain », les Séquanes font appel aux Germains d'Arioviste, stationnés plus au nord, et font finalement capituler leurs adversaires qui doivent donner en otage les fils de leur chef, ainsi qu'une partie de leur territoire.

Mais c'était attirer le loup dans la bergerie car Arioviste, qui en a profité pour occuper un tiers du territoire séquane, s'apprête à envahir la Gaule. Les Gaulois, inquiets, se réunissent en assemblée générale et décident de faire appel à César, alors vainqueur des Helvètes, peuple qui, projetant de s'installer vers l'ouest de la Gaule, avait brûlé ses villages pour être sûr de ne pas revenir ! Mais, en la personne de César, c'est un autre loup qui vient d'être appelé dans la bergerie gauloise…

Deux peuples rassemblés sous la tutelle romaine

César occupe donc rapidement *Vesontio* (Besançon), alors déjà une place forte, pour éviter qu'Arioviste ne l'investisse lui-même puis il bat ce dernier entre Belfort et le Rhin, l'obligeant à repasser le fleuve. Les légions romaines prennent leurs quartiers d'hiver en Séquanie, sous la direction de Labienus, et obligent les Séquanes à rendre leurs otages ainsi qu'une partie des territoires confisqués aux Eduens. Cette occupation romaine, en principe provisoire, se transforme peu à peu en occupation définitive et César, d'interventions en interventions, occupe peu à peu la Gaule entière.

C'est alors qu'éclate en 52 av. JC, l'insurrection gauloise commandée par Vercingétorix. Les Séquanes, qui se sont finalement ralliés au soulèvement, doivent fournir 12 000 hommes. César, après avoir échoué devant Gergovie (vers l'actuelle Clermont-Ferrand), décide de regagner la Province romaine par la Séquanie. Il vainc alors la cavalerie gauloise et oblige les Gaulois à se replier sur le fameux *Alésia*, site dont on a longtemps discuté de la localisation précise et qui a donné lieu à de célèbres passes d'armes (scientifiques cette fois) entre historiens bourguignons et comtois. La communauté scientifique admet aujourd'hui qu'il s'agit bien de l'actuelle Alise Sainte-Reine, bien que certains érudits comtois tiennent encore à localiser la bataille à Alaise (Doubs), site qui avait donné lieu à une controverse passionnée sous le Second Empire, ou à Salins (Jura) ou, récemment encore à Chaux-des-Crotenay. Après la chute d'*Alésia*, la Gaule est rapidement soumise et le territoire ne connaîtra plus que des insurrections sporadiques : l'une d'elles, en 21, qui voit les Séquanes soutenir les Eduens qui l'avaient déclenchée, et une autre encore, occasionnée par ces derniers cette fois, sous Marc-Aurèle (161-180). Pour cinq siècles, le sort de la région est lié à celui de l'Empire romain.

Un territoire organisé par Rome

Rome systématise alors le réseau routier en conservant au maximum la structure des axes gaulois *(fig. 5)*. On retrouve l'axe méridien matérialisé par la *via*

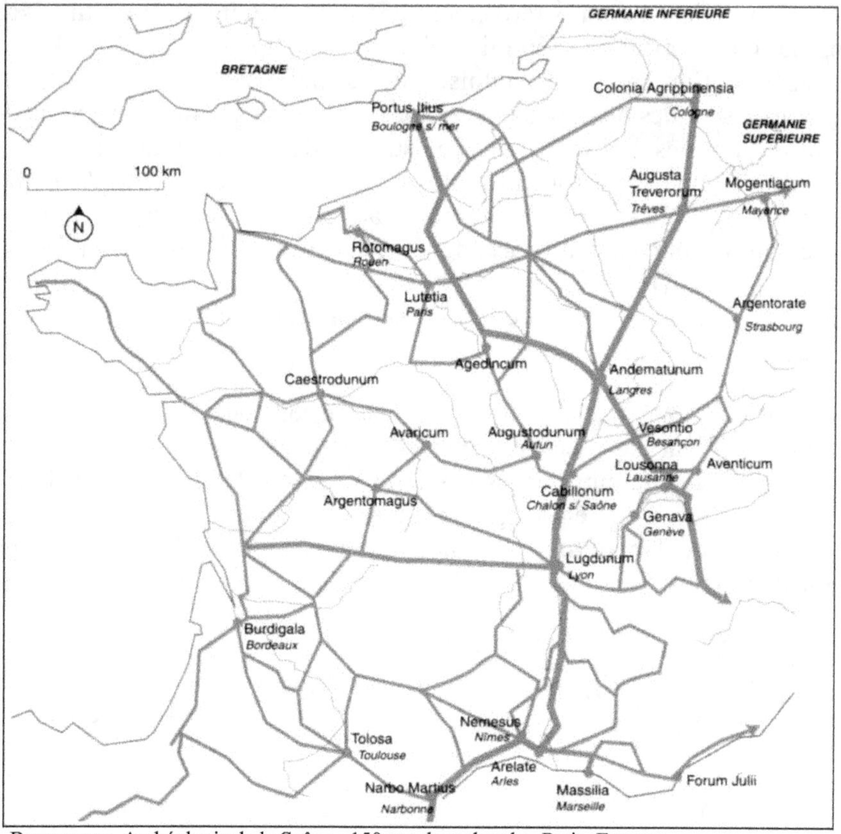

Bonnamour, Archéologie de la Saône : 150 ans de recherche, Paris, Errance.

Figure 5. Voies de communication à l'époque romaine

Agrippa qui « part de Lyon et suit la Saône jusqu'à Chalon, puis court au pied de la Côte d'Or jusqu'à Dijon et Langres, d'où un faisceau de routes permet de gagner les vallées de la Marne, de la Meuse et de la Moselle (on pourrait y ajouter la Seine) : c'est une des routes les plus importantes de la Gaule ». [17]

A Langres, la *via Agrippa* rejoint la voie qui, d'Italie passe par le col du Grand Saint-Bernard et le pays des Helvètes, franchit le Jura par le col de Jougne, passe à *Abiolica* (Pontarlier) et *Vesontio* (Besançon) ; cette cité est également reliée à Lyon par *Cabillonum* (Chalon-sur-Saône). Le trafic sur la Saône et le Doubs est lors essentiel puisque Strabon note que « le Rhône se laisse remonter longuement par des bateaux lourdement chargés (…). La Saône lui succède, puis le Doubs, son affluent. Ensuite on va à pied jusqu'à la Seine » ; [49] *Cabillonum* est alors un port de premier ordre sur la Saône où domine une puissante association de bateliers, les *nautae ararici.*

La Gaule est divisée administrativement en *civitates (*cités), nom qui désigne à la fois la circonscription administrative et sa capitale (*fig. 6*). Rome ne bouleverse pas l'organisation gauloise puisque les *civitates* sont les héritières directes des anciennes divisions territoriales des peuples gaulois mais elle donne à ces territoires des limites stables et surtout des institutions uniformes qui contribueront à une lente romanisation de l'ensemble. La *civitas Sequanorum* (la cité des Séquanes) reprend approximativement les limites du pays des Séquanes, avec pour capitale *Vesontio* ; la cité des Lingons s'organise autour d'*Andematunnum* (Langres) et celle des Eduens autour d'*Augustodunum* (Autun), les Romains ayant préféré ce site de plaine à celui, plus élevé, de Bibracte.

On pourrait s'étonner que les Romains, malgré leur désir d'utiliser les cadres préexistants, n'aient pas créé une circonscription assise sur les deux rives de la Saône pour mieux en contrôler les passages et, selon P. Claval, « qu'ils n'aient pas mieux tiré parti de la région qui nous apparaît aujourd'hui névralgique, celle de Beaune ou de Dijon (on pourrait ajouter Chalon) qui permet de passer facilement vers les trois bassins fluviaux ouvrant des relations lointaines aux

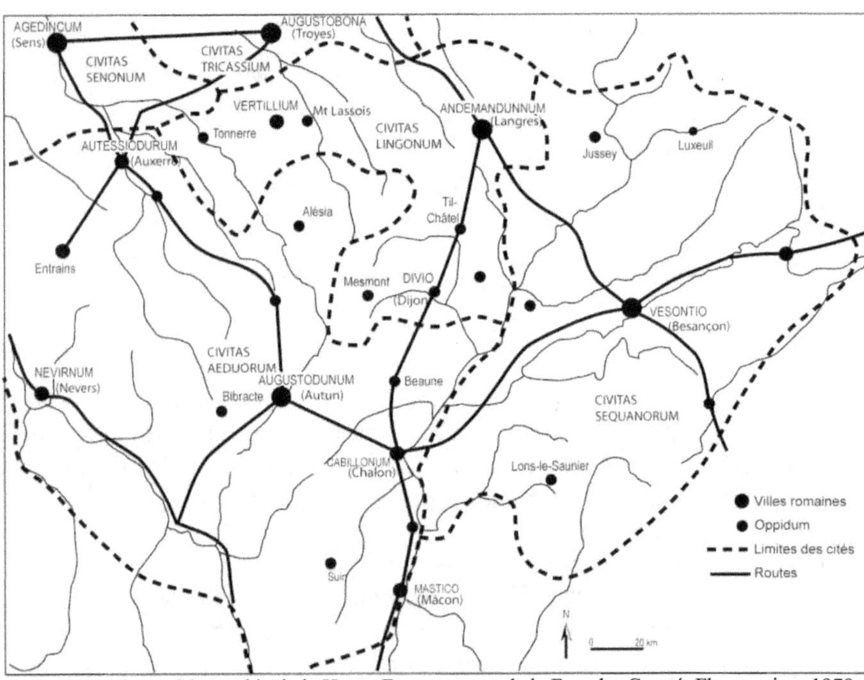

Source : Atlas et Géographie de la Haute-Bourgogne et de la Franche-Comté, Flammarion, 1978.

Figure 6. Villes et *civitates* à l'époque romaine

plaines de la Saône ». Selon cet auteur, les Romains ont conservé cette division car la cité des Séquanes contrôle les passages qui, à travers le Jura, relient le Grand Saint-Bernard au nord et nord-est de la Gaule, alors que la cité des Eduens surveille plutôt les passages vers l'ouest et le nord-ouest. La *civitas Sequanorum* fait d'ailleurs partie de la Gaule Belgique, alors que la *civitas Augustodunum* dépend de la Gaule Lyonnaise.

D'anciennes divisions maintenues par la romanisation puis par la christianisation

Cette organisation territoriale contribue à romaniser la région et à l'uniformiser, mais à un rythme généralement lent : « la vieille culture gauloise est restée vivace. Faute d'une immigration massive, le remplacement des parlers celtiques par le latin populaire a exigé plusieurs générations, voire, dans les campagnes, plusieurs siècles ».[2] Toutefois, la romanisation semblerait avoir été plus rapide chez les Eduens que chez les Séquanes. En effet, les historiens comtois soulignent que ces derniers « conservèrent leur individualité et une certaine autonomie interne », la *civitas Sequanorum* « ayant son Sénat, ses magistrats, que les inscriptions nous font connaître, et la liberté de prendre des décisions ». [52] Côté bourguignon, on souligne plutôt une romanisation plus avancée : au IIIe siècle, à propos des luttes entre Rome et les empereurs gaulois « les Eduens, sont fortement attachés à la capitale (Rome) et plus imprégnés par la politique et la culture romaine » que les autres Gaulois. [52] Est-ce que, sous le vernis romain, se maintiendraient d'anciens particularismes gaulois ? La question est d'autant plus posée que la christianisation contribue à maintenir des divisions antérieures.

En effet, à travers la christianisation, la romanisation cristallise pour des siècles l'organisation administrative de la région. Les *civitates* étant les héritières de l'organisation gauloise, et les diocèses s'étant calqués sur elles, la christianisation du Bas-Empire contribue, dans une certaine mesure, à maintenir de très anciennes divisions. Ainsi : « le ressort du diocèse de Besançon garde jusqu'au XVIIIe siècle les contours de l'ancienne Séquanie (...), l'évêché d'Autun correspond pour l'essentiel à la Cité des Eduens (...) et l'évêché de Langres administre l'ancien territoire des Lingons qui s'étend jusqu'à Dijon (...) : il faut attendre jusqu'en 1731 pour que Dijon obtienne un évêché ». [17]

La longue période de romanisation et de paix relative dure jusque vers le milieu du Ve siècle, puisque « selon des sources dignes de foi, les gallo-romains de Séquanie ont continué à vivre dans l'orbite romaine durant toute la première moitié du Ve siècle ». [28] Mais, à partir de cette date, et pendant un siècle et demi, vont déferler les vagues des envahisseurs germaniques.

Du Royaume burgonde aux Carolingiens (V^e-IXe siècles)

Les Burgondes donnent leur nom aux deux régions

Contre les Alamans qui viennent occuper le nord de la région, entre la porte d'Alsace et Langres, l'empereur Majorien concède des territoires à d'autres Germains, ses alliés, les fameux Burgondes qui vont donner leur nom (*Burgundiones*) aux futurs duché et comté de Bourgogne. Ces Burgondes, Scandinaves poussés sur le Rhin par les Huns au cours d'une bataille immortalisée dans le poème des Niebelungen, sont cantonnés par Aétius, dans la *Sapaudia* (future Savoie), entre Alpes et Jura. Ils s'installent au départ le long de l'axe unissant la porte d'Alsace au rebord du Jura puis, au terme d'accroissements successifs, réalisés en principe avec l'accord de l'autorité romaine, occupent finalement, outre les anciens territoires des Séquanes, des Eduens et des Lingons, un vaste royaume qui s'étend, du nord au sud, de Langres à Avignon et, de l'ouest à l'est, de Nevers à Zurich (*fig. 7)*.

Les Burgondes commencent vraiment à germaniser le territoire en imposant la loi Gombette (édictée par Gondebaud, entre 501 et 515), destinée à tenir la balance égale entre les sujets burgondes et les sujets gallo-romains, et en obligeant les propriétaires gallo-romains à céder la moitié puis les deux tiers de leurs domaines exploités par les esclaves (hors domaines exploités en fermage). S'installe ainsi une sorte de double pouvoir puisque les rois de Bourgogne, tout en ayant l'autorité réelle, gardent un certain respect pour les institutions gallo-romaines qu'ils ont en partie assimilées. En effet, des Gallo-romains deviennent les conseillers des rois ou assistent les comtes qui administrent des circonscriptions, les *pagi,* beaucoup moins vastes que les anciennes cités et qui subsisteront, peu remaniées, jusque sous les Mérovingiens et les Carolingiens.

Dès le début du VIe siècle toutefois, des voisins puissants, les Francs de Clovis, lorgnent sur le royaume burgonde. En trois campagnes, entre 500 et 534, Clovis force le roi Gondebaud à s'allier à lui, puis ses fils conquièrent complètement le pays. Le royaume burgonde devient ainsi mérovingien, en conservant toutefois les lois, us et coutumes des populations locales, ainsi qu'« une indéniable autonomie (puisque), de la fin du VIe au début du VIIIe siècle des maires du palais spécifiques eurent la charge locale du royaume burgonde ». [28] Je passe sur les rattachements successifs du royaume à la Neustrie et à l'Austrasie, ainsi que sur ses nombreux partages au gré des affrontements entre princes mérovingiens, puisque ces péripéties, semble-t-il, n'empêchent pas le royaume burgonde de garder une relative autonomie. S'est en effet constituée, « par fusion entre les grands propriétaires gallo-romains, les chefs burgondes et quelques éléments francs, une aristocratie locale puissante dont le particularisme ne sera brisé que par une nouvelle conquête franque ». [2] Dans le même temps, la christianisation se répand, dans la future Franche-Comté, grâce

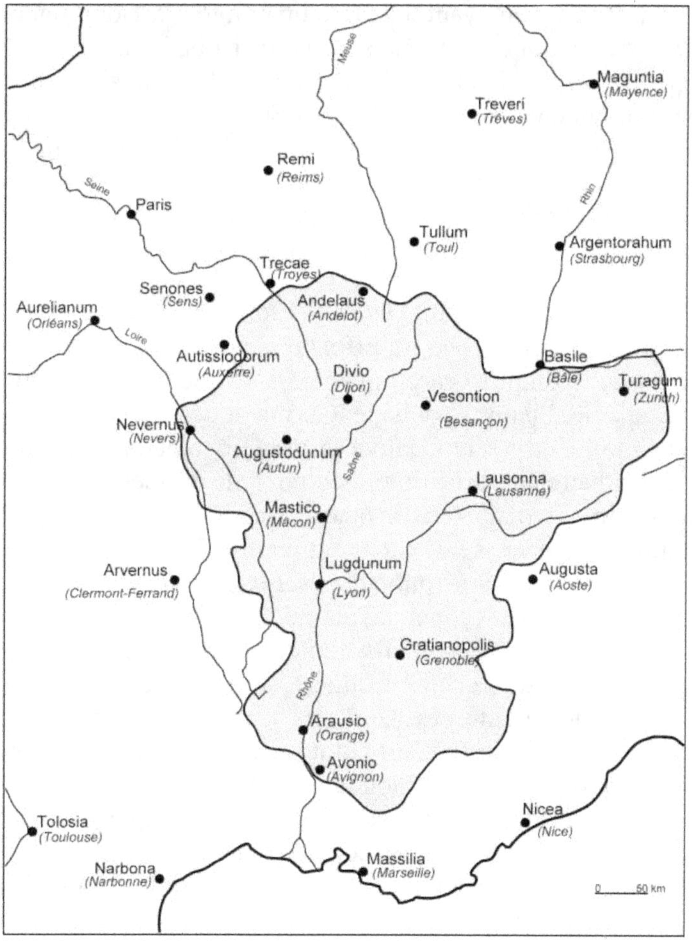

Source : Atlas et Géographie de la Haute-Bourgogne et de la Franche-Comté, Flammarion, 1978

Figure 7. Le royaume de Bourgogne au VIe siècle

à Saint Colomban qui fonde le monastère de Luxeuil vers 590, puis à ses successeurs, donnant ainsi une certaine originalité au christianisme local.

Les Carolingiens et le grand divorce : le partage de Verdun (843)

Les Carolingiens, désireux de tenir les passages commandés par le royaume burgonde, ne vont pas tarder à s'y intéresser. Charles Martel puis Pépin le Bref (751-768), fondateur de la dynastie, le conquièrent et il revient à Charlemagne (771-814), à la mort de son frère Carloman. Les Carolingiens mettent au pas ce royaume burgonde qui « n'est plus maintenant qu'une expression géographique (car) souvent désagrégé par les partages et morcelé ».[2] Le pays est alors divisé en 25 *pagi* environ, chacun ayant à sa tête un comte : la Bourgogne actuelle en compte une vingtaine, dont le Senonais, le Tonnerrois, l'Auxois, le Dijonnais, le Beaunois, l'Auxerrois, le Nivernais, l'Autunois, le Mâconnais, pour ne citer que ceux qui nous parlent encore aujourd'hui ; la Franche-Comté actuelle est divisée en cinq *pagi* : du nord au sud, le Portois (vers Port-sur-Saône), l'Ajoie (vers Montbéliard), le Varais (sur les plateaux du Jura), l'Amous (le Bas-Pays), l'Escuens (Jura méridional) (*fig. 8*). Des missi dominici, commissaires envoyés par l'Empereur, viennent inspecter l'administration des comtes.

Parmi les divers partages que subit ensuite l'Empire de Charlemagne, l'un d'eux aura des conséquences décisives. En effet, après diverses péripéties, en 843, au traité de Verdun, l'Empire carolingien est divisé entre les trois fils de l'Empereur Louis le Pieux : Louis le Germanique reçoit la partie orientale (future Allemagne), Charles le Chauve la partie occidentale (le futur royaume de France) et Lothaire la partie intermédiaire, de la mer du Nord au sud de l'Italie, avec le titre impérial et les deux capitales, Aix-la-Chapelle et Rome (*fig. 9*). Ce qui nous intéresse directement ici, c'est le partage entre Charles le Chauve et Lothaire : la frontière entre les deux royaumes passe approximativement par le Rhône, la Saône et la Meuse. Le futur duché de Bourgogne, à l'ouest, est désormais séparé du futur comté de Bourgogne (Franche-Comté), à l'est : « cette frontière, toute occasionnelle, et très vite remise en question, allait être un des facteurs essentiels de l'avenir bourguignon ».[49] et donc de l'avenir comtois. Hors une petite incertitude sur le tracé entre le Portois (Port-sur-Saône) et l'Atuyer (au nord de Dijon) qui donnera lieu à contestation plus tard, « la limite du royaume ne fut pratiquement pas remise en question après le IXe siècle, et l'on sait qu'au XIXe siècle encore les bateliers désignaient les deux rives de la Saône par les mots d'Empire et de Royaume ». [49]

La première désunion (Xe siècle-1330)

La Bourgogne se constitue et regarde vers l'ouest

Au cours des nombreuses remises en question de la Lotharingie, Boson, beau-frère de Charles le Chauve, reconstitue partiellement le territoire des anciens Burgondes et devient roi de Bourgogne et de Provence (879-887), mais son royaume se décompose ensuite. En effet, dans ce que j'appellerai désormais la Bourgogne, le pouvoir de son propre frère, Richard le Justicier, nommé comte d'Autun, grandit à la faveur des querelles dynastiques et de son rôle capital dans la lutte contre les Normands qu'il arrête en 898 et 911. Il va alors « rassembler sous sa domination les comtés d'Autun, de Nevers et d'Auxerre et faire reconnaître peu à peu son autorité par ceux d'Avallon, Beaune, Brienne, Chalon, Langres, Sens et Troyes ». [13] Premier à être appelé officieusement duc (ce sera à un de ses successeurs que le titre sera officiellement décerné par le roi

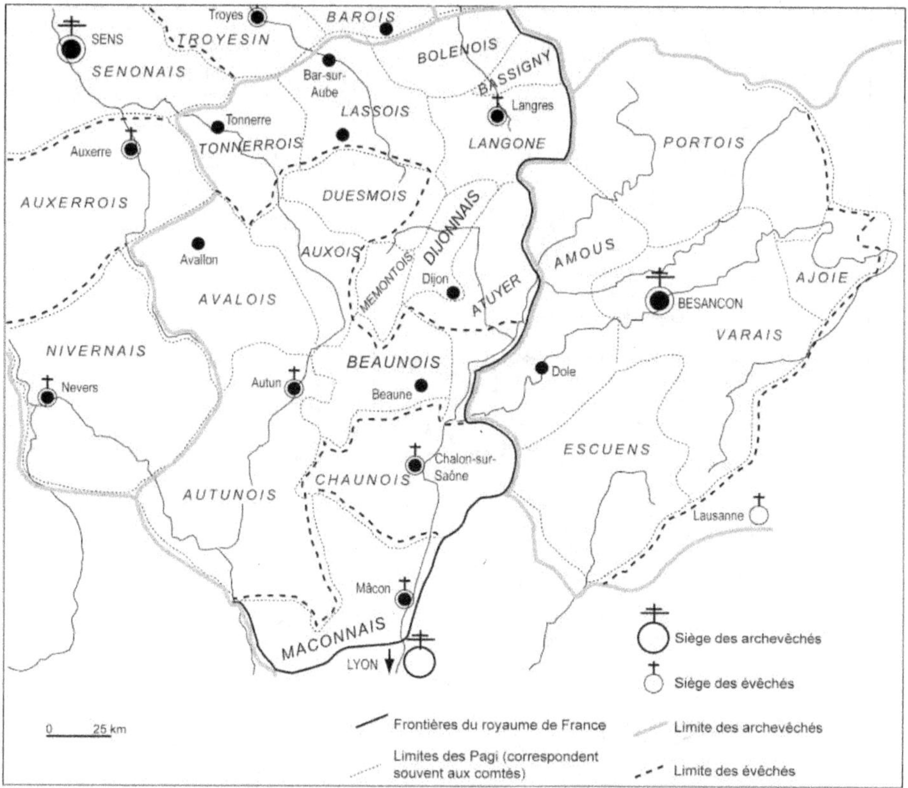

Source : Atlas et Géographie de la Haute-Bourgogne et de la Franche-Comté, Flammarion, 1978.

Figure 8. L'organisation territoriale à l'époque carolingienne

de France vers 940), « il est le chef indiscuté des comtes de toute la région bourguignonne actuelle ». [49]

Après bien des péripéties, dont une occupation partielle par le roi de France, le duché éclate en 1002, puis se reconstitue autour de la dynastie capétienne, mais diminué du Nivernais, de l'Auxerrois, du Sénonais et de la région de Troyes. En effet, en 1032, le nouveau roi de France, Henri 1er, laisse le duché à son frère Robert « pour en jouir en pleine propriété et passer à ses héritiers ». Les ducs capétiens se maintiendront en Bourgogne jusqu'en 1361 : celle-ci va maintenant regarder, et pour longtemps en direction de la France, c'est-à-dire du Bassin parisien vers lequel, on le sait, sa « géographie », c'est-à-dire son organisation territoriale, la pousse.

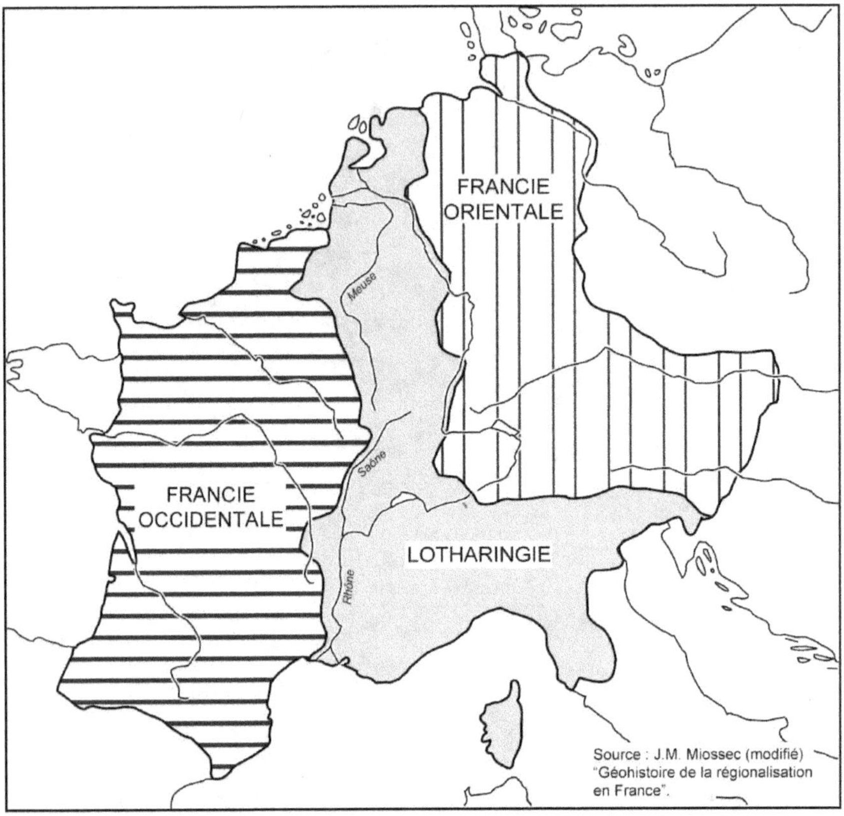

Figure 9. Le démembrement de l'Empire de Charlemagne au Traité de Verdun (843)

Les douze ducs capétiens qui succèdent à Robert 1er « comme leurs cousins de France, après des débuts très humbles, s'efforcent patiemment d'accroître leurs possessions et leur pouvoir par d'habiles mariages (…) et par la multiplication de leurs vassaux directs ». [2] Ils sont toutefois bloqués, au nord par les comtes de Champagne et à l'ouest par les comtes de Nevers qui créent leur propre Etat ; le nord-ouest de la Bourgogne actuelle (Auxerrois, Tonnerrois) leur échappe également ainsi que le Mâconnais, intégré au domaine royal depuis 1239. A la fin du XIIIe siècle, les ducs capétiens dominent approximativement le territoire actuel de la Côte-d'Or et de la Saône-et-Loire (moins le Mâconnais) et l'Avallonnais. Comme leurs cousins de France, ils mettent également en place une administration de police et de justice (prévôts, baillis, Grands Jours de Beaune qui jugent en appel), une administration financière (châtelains, receveurs généraux). Ils disposent de revenus abondants, d'hommes d'armes qui assurent la sécurité et empêchent toute révolte des seigneurs dès le XIIIe siècle.

Enfin, un véritable gouvernement siège à Dijon devenue, dès le XIe siècle, la capitale ducale, aux dépens de Chalon « excentrée, car trop ouvertement saônoise et, du reste, pendant des siècles, cité frontalière ». [3]

Cette structuration de l'organisation administrative, financière et politique du duché n'intéresse pas que celui-ci. En effet, lorsque les ducs se trouveront en possession du territoire d'Outre-Saône, que j'appellerai désormais en anticipant un peu, la Franche-Comté, ils n'auront de cesse de tenter d'y implanter les institutions bourguignonnes, non sans peine d'ailleurs car, de ce côté-ci, la situation a évolué tout autrement.

La Comté s'autonomise tout en restant culturellement française

De l'autre côté de la Saône, une année après la mort de Boson, devant l'impuissance des rois Lotharingiens à défendre le pays contre les Normands, les grands dignitaires des deux versants du Jura réaniment le royaume de Bourgogne à la tête duquel ils installent Rodolphe 1er (888-912), duc de Transjurane (Suisse actuelle), sans grande réaction des Carolingiens qui « laissèrent bientôt le champ libre à Rodolphe (...). C'est ainsi que, petitement et fragilement commencé, ce royaume de Bourgogne (qui ne comprend pas la Bourgogne actuelle !) parvint à se consolider, du fait des circonstances » [28] et même à s'étendre jusqu'en Germanie méridionale et en Provence. Toutefois, cette extension provoque peu à peu l'affaiblissement du royaume qui tombe alors dans la mouvance des rois de Germanie : Rodolphe II (912-937) en devient plus ou moins le vassal.

Cet affaiblissement laisse le champ libre aux grands féodaux, dont un certain Otte-Guillaume (vers 982-1026), comte de Mâcon, parent des ducs de Bourgogne qui, dans des circonstances mal connues, « rassemble les prérogatives dévolues aux comtes des divers *pagi* » [52] de la future Comté. Les Comtois voient en lui leur premier Comte, car il réussit à asseoir son pouvoir sur toute la Bourgogne jurane, c'est-à-dire le futur Comté de Bourgogne. Otte-Guillaume reconstitue ainsi (à l'exception de l'Ajoie, futur pays de Montbéliard) l'antique *civitas Sequanorum* qui s'était perpétuée à travers le vaste diocèse de Besançon. Il devient si puissant qu'il dispute par les armes, au roi de France Robert le Pieux, la succession du duché de Bourgogne mais, pour des raisons mal connues « par les accords de 1005-1006, il renonce au titre ducal que recueille le roi de France et assure pour des siècles la séparation du duché et du comté de Bourgogne ». [28] Une occasion de refaire l'unité des deux régions est donc perdue, d'autant que Otte-Guillaume prévoit de partager son héritage entre ses deux fils, l'un recevant le comté de Mâcon, l'autre les terres d'Outre-Saône, c'est-à-dire, le comté de Bourgogne, future Franche-Comté (*doc. 1*).

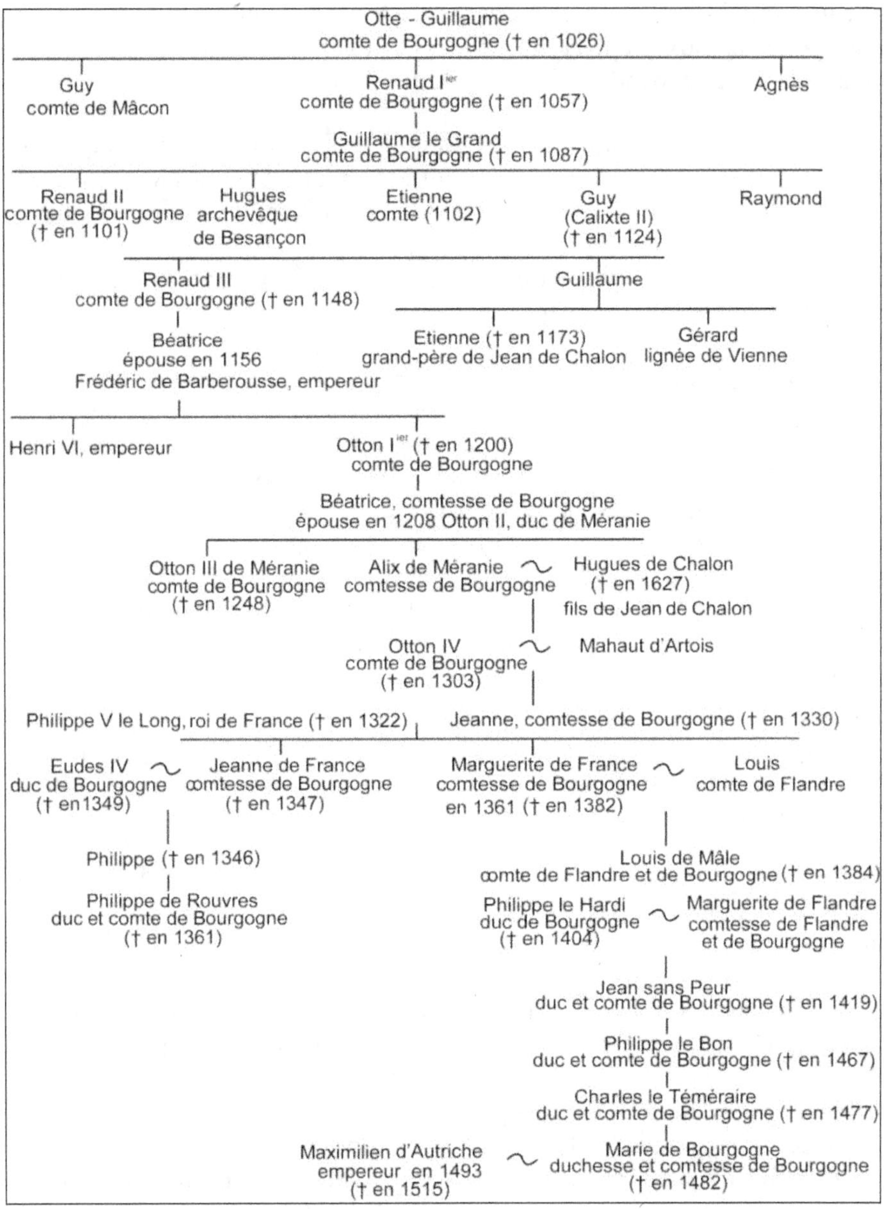

Pierre Gresser, la Franche-Comté au temps de la guerre de cent ans, Besançon Cêtre, 1989.

Document 1. Généalogie simplifiée des comtes de Bourgogne

Les successeurs d'Otte-Guillaume renforcent leur emprise sur le comté mais, comme lui-même, « ils ont tendance à privilégier l'ouverture vers l'Occident à cause des liens politiques, de la communauté de civilisation qui rattache la région aux pays d'influence française, à cause enfin des menaces que l'Empire fait peser sur le royaume moribond de Rodolphe III, roi d'une Bourgogne, dont fait partie le comté mais pas le duché » [28] et qui s'étend maintenant de Luxeuil à Marseille et Nice. Culturellement, cela se traduit par le rayonnement des abbayes du duché de Bourgogne (Saint-Bénigne de Dijon, Cluny, Autun) sur le diocèse de Besançon et par le fait que Otte-Guillaume lui-même choisit de se faire enterrer à Saint-Bénigne.

Mais, si la culture rattache le comté à l'ouest, les événements politiques vont le relier à l'est. En effet, à la mort de Rodolphe III, en 1033, le comté de Bourgogne passe, avec l'ensemble du royaume de Bourgogne, dans la mouvance impériale germanique. Le comté est désormais terre d'Empire, avec toutefois un statut spécial pour Besançon, Hugues de Salins, l'archevêque seigneur de la ville, devenant le vassal direct de l'Empereur. Ainsi, « principauté d'Empire, le comté de Bourgogne fut de civilisation française » [52], situation qui durera plus de six siècles et ne cessera vraiment qu'au traité de Nimègue en 1678 ! On voit ainsi apparaître une des différences essentielles entre les deux régions : comme le dira l'historien M. Chaume « la Bourgogne a un centre, mais point de frontière » puisque celles-ci ont historiquement beaucoup varié, alors que la Franche-Comté dispose à la fois d'un centre, Besançon, et de frontières, esquissées peut-être déjà au temps des Séquanes, clarifiées plus tard dans le cadre du diocèse et fixées vers l'an 1000.

La Comté entre autonomie, dépendance impériale et dépendance française

La Comté oscille ensuite entre des périodes d'autonomisation ou au contraire de reprise en main soit par l'Empereur soit, à la fin de la période, par le roi de France. Ainsi, dans la deuxième moitié du XIIe siècle et au début du XIIIe, l'Empereur d'Allemagne est empêtré dans la querelle des Investitures qui l'oppose au pape sur la question de savoir qui décerne les titres ecclésiastiques : on sait que Henri IV ira à Canossa faire amende honorable devant le pape Grégoire VII, en 1077. L'Empereur s'occupe donc peu des affaires locales, ce qui permet aux comtes, notamment Guillaume le Grand, de gagner « une autonomie de fait ». [28] La Franche-Comté s'éloigne donc de plus en plus de l'Empire au point que l'un des successeurs de Guillaume le Grand, Renaud III (1126-1148), serait allé jusqu'à refuser de faire hommage à l'Empereur, d'où son surnom de franc-comte qui serait à l'origine du nom même de Franche-Comté, l'expression n'apparaissant toutefois dans les textes diplomatiques qu'au XIVe siècle.

Cette période d'autonomisation du comté prend fin avec l'élection de Frédéric Barberousse à la tête de l'Empire en 1152. Forte personnalité, il reprend en main le comté, surtout après son mariage avec l'héritière Béatrice ; il s'y fait reconnaître comme suzerain et met en place une nouvelle administration. Dans la première moitié du XIIIe siècle, à nouveau la tutelle se desserre, le comté étant passé aux mains de princes qui se désintéressent du pays, ce qui permet aux grands seigneurs locaux d'affirmer leur indépendance et de se faire la guerre… Parmi eux, Jean de Chalon, dit l'Antique, épouse la fille du duc de Bourgogne et, en 1237, fait avec celui-ci un échange : il troque ses comtés de Chalon et d'Auxonne, contre la seigneurie de Salins et des terres dans le Jura central qu'il va peu à peu relier.

Cette transaction nous intéresse à un double titre. Le premier, tient à ce que les deux comtés de la vallée de la Saône font maintenant partie du domaine ducal. Le second titre est plus complexe, mais important également. Jean de Chalon l'Antique ayant contracté trois mariages, ses biens sont divisés en trois parties. Des rivalités opposent les successeurs, dont le comte de Bourgogne Othon IV qui, pour défendre ses intérêts, fait appel au roi de France, Philippe le Bel. Il signe avec celui-ci, en 1291, un traité secret par lequel sa fille épousera un fils du roi et lui apportera en dot le comté ; en échange, il reçoit l'énorme somme de 100 000 livres tournois et une pension viagère de 10 000 livres. Le fils de Philippe le Bel étant mineur lorsque le traité est officialisé à Vincennes en 1295, c'est le roi de France lui-même qui administre le comté ! Et donc si, au cours du XIIIe siècle, la civilisation et l'influence françaises avaient pris un visage plus ou moins bourguignon (les ducs avaient acquis des terres comtoises et l'un d'eux avait même obtenu la garde du comté), les ducs s'effacent ensuite devant les rois de France. Craignant la domination d'un roi proche et puissant, les barons comtois se révoltent mais doivent se soumettre à Philippe le Bel en 1301. Après la mort de celui-ci, « la mainmise française se poursuit » [52], notamment sous Philippe V le Long (1316-1322) ; à sa disparition, sa mère, Mahaut d'Artois et sa femme Jeanne de France, comtesse de Bourgogne, gouvernent de fait la Franche-Comté de 1322 à 1330.

***

Au cours de cette période, à travers les aléas de l'histoire, on voit donc les territoires situés *par delà* et *par deçà* (la Saône), comme l'administration bourguignonne les désignera sous les Grands Ducs d'Occident, prendre peu à peu leurs distances. L'un, la Bourgogne, regarde politiquement et culturellement de plus en plus vers le royaume de France, alors que l'autre, la Franche-Comté, tout en restant culturellement française s'autonomise, certes lentement et par intermittences, entre France et Empire.

Les deux unions et l'autonomie comtoise (1330-1678)

Au cours de ces quelque trois siècles et demi qui vont de 1330 à 1678, tout semble aller vers un resserrement des liens entre Bourgogne et Franche-Comté, surtout pendant le siècle qui voit leur union sous les Grands Ducs d'Occident. Or en peu de temps, par un de ces retournements dont l'histoire a le secret, la Franche-Comté bascule à nouveau dans le giron des Habsbourg qui vont laisser à cette province, marginale dans leur Empire, une large autonomie et ainsi renforcer son particularisme jusqu'à ce que les armées de Louis XIV y mettent brusquement un terme.

Une première brève union (1330-1384)

Une première union sous les ducs-comtes (1330-1349)

En 1330, à la mort de la veuve du roi de France Philippe V le Long, sa fille Jeanne de France hérite de l'Artois et de la Franche-Comté et « place cette dernière sous la dominance de son mari, le duc Eudes IV de Bourgogne » (1330-1349) [52] : les deux Bourgognes se trouvent donc réunies une nouvelle fois.

Eudes IV, à la fois duc en Bourgogne et comte en Franche-Comté, essaie d'implanter dans cette dernière ce qui se fait dans le duché. Il crée un office chargé de gérer les eaux et forêts, la gruerie et, pour tenter de remplacer la justice seigneuriale par la sienne, institue en 1332 un Parlement qui, installé à Dole en 1386, va devenir une des institutions essentielles de la Comté. Devant cette prétention d'escamoter sa propre justice, à l'instigation de Jean de Chalon-Arlay, descendant de Jean de Chalon, la féodalité comtoise, « qui ne s'est plus révoltée depuis le XIIIe siècle (et qui est) peu disposée à témoigner, envers lui (Eudes), de l'obéissance que le duc demande à ses vassaux du duché » [49] se soulève par trois fois entre 1335 et 1348. Au cours du dernier soulèvement, les féodaux comtois n'hésitent pas à accepter l'appui financier du roi d'Angleterre pour tenter de vaincre le duc Eudes IV, mais ils sont finalement vaincus.

Un retour de fait sous un pouvoir français (1349-1361)

Eudes IV meurt de la peste noire en 1349. Son petit-fils Philippe de Rouvres hérite alors de l'Artois, ainsi que du duché et du comté qui restent donc unis. Comme il est mineur, c'est sa mère qui, de fait, gouverne avec son second mari, Jean de Normandie. Mais ce dernier devient roi de France sous le nom de

Jean II le Bon (1350-1364), et voilà la Franche-Comté à nouveau dans des mains françaises et toujours réunie à la Bourgogne ! Le roi ayant décidé, en 1353, de verser au trésor royal les revenus de la Comté, les nobles refusent de participer à la levée générale à la veille de la bataille de Poitiers (1356) et certains même se mettent au service du roi d'Angleterre, nouvelle preuve du désir d'autonomie de la noblesse locale !

Pendant cette union, Jean le Bon veut réformer l'administration du duché de Bourgogne sur le modèle français. Par exemple, en temps ordinaire, les finances du duc sont alimentées par les seuls revenus de son domaine ; mais Jean le Bon qui les trouve insuffisants, introduit en Bourgogne, malgré de fortes réticences, l'institution des Etats. Cette assemblée, formée de trois chambres représentant les seigneurs, l'Eglise et les villes dotées de chartes communales, est chargée de consentir des impôts exceptionnels, au moins au départ ; elle se réunit finalement par deux fois, en 1357 et en 1360. Le roi agit de même en Franche-Comté, mais c'est avec plus de difficultés encore qu'il obtient la réunion des Etats, en 1358. Toujours est-il que c'est en quelque sorte par la Bourgogne que certaines institutions françaises passent en Franche-Comté. Ce sera encore plus vrai avec la deuxième union.

Une courte période de désunion (1361-1384)

Lorsque Philippe de Rouvres meurt lui aussi de la peste, en 1361, sans héritier direct, ses possessions sont partagées entre trois héritiers. Marguerite de France, fille cadette de Philippe le Long, reçoit l'Artois et la Comté qu'elle administre jusqu'en 1382 : la Franche-Comté se trouve donc séparée du duché. Mais son fils, Louis de Mâle, qui en a hérité, meurt dès 1384. Comme la fille de celui-ci, dont elle est l'unique héritière, a épousé précédemment le duc de Bourgogne Philippe le Hardi, la Comté et la Bourgogne se trouvent à nouveau réunies sous un même pouvoir et ce, pour près d'un siècle.

Une deuxième longue union sous les Grands Ducs d'Occident (1384-1477)

Avec Philippe le Hardi (1384-1404) débute la dynastie des ducs-comtes Valois et l'aventure des Grands Ducs d'Occident qui se poursuivra avec Jean sans Peur (1404-1419), Philippe le Bon (1419-1467) et Charles le Téméraire (1467-1477). De cette aventure, je ne retiendrai évidemment ici que ce qui concerne les relations Bourgogne/Franche-Comté.

La Franche-Comté mise au pas et réorganisée

Les ducs-comtes veulent imposer leur autorité sur une Franche-Comté qui a pris des habitudes d'autonomie. Les nobles comtois, qui ne l'entendent pas ainsi,

Bourgogne, Encyclopédie Bonneton, 2001.

Document 2. Philippe le Bon, duc et comte de Bourgogne

tentent de résister, mais les ducs-comtes, tout proches, ne sont pas les Empereurs dont la tutelle était souvent lointaine. Ils matent durement les rebelles ; sous Philippe le Bon (*doc. 2*), Jean de Grandson, révolté, est pris et étouffé entre deux matelas ! Ils continuent et même accélèrent le transfert des institutions bourguignonnes, et donc dans une certaine mesure françaises, en Franche-Comté : il leur revient « de parfaire l'œuvre entreprise (précédemment) en contribuant à doter la Comté des éléments d'une véritable administration moderne. Ainsi la Franche-Comté acquiert les moyens de sa propre gestion et devient peu à peu une marche française et bourguignonne ». [49] Ce qui va évidemment contribuer à rapprocher et à apparenter les deux provinces.

Comme le duché, le comté est donc, au cours du XIVe siècle, divisé en bailliages, deux d'abord (bailliage d'Amont, chef-lieu Vesoul, bailliage d'Aval, autour de Dole et Poligny) puis trois avec la création, en 1422, du bailliage de Dole, issu du démembrement du bailliage d'Aval (*fig. 10*). Besançon, ville dépendant directement de l'Empire, et donc véritable enclave en Franche-Comté, ne peut prétendre devenir chef-lieu. A la tête de chaque bailliage, un bailli, nommé par le duc-comte « convoque le ban, dispose de pouvoirs

Source : Atlas et géographie de la Haute-Bourgogne et de la Franche-Comté, Flammarion, 1978.

Figure 10. L'organisation territoriale aux XIVe et XVe siècles

administratifs et représente un premier « estat de la justice » sous le ressort et la souveraineté du Parlement ». [28] Ce dernier, aux origines obscures, existait déjà, mais « il semble bien que ce ne soit qu'à l'époque de Philippe le Hardi qu'il devient une assemblée permanente, fixée à Dole » [28] en 1386, et dont Philippe le Bon précisera plus tard les pouvoirs. Sorte de cour d'appel, le Parlement dote la Comté d'Ordonnances (décisions juridiques) et, en 1460, de Coutumes générales de la Province qui vont renforcer l'originalité de celle-ci.

L'administration financière qui s'était mise en place progressivement au XIVe siècle se cristallise sous les ducs-comtes Valois. Un receveur général centralise tous les revenus du duché et du comté, et une Chambre des comptes unique, installée à Dijon en 1386, surveille l'ensemble des agents de recettes, notamment les trésoriers de Vesoul, Dole et Salins. Dans les deux provinces, les Etats se réunissent plusieurs fois pour accorder les subsides demandés par le duc-comte, en particulier sous Jean sans Peur ; en Bourgogne toutefois, les Etats sont peu à peu supplantés par la Chambre du Conseil, à la fois conseil de gouvernement et conseil judiciaire, et par la Chambre des Comptes. Sous Philippe le Bon, une université est créée à Dole, en 1422, que le duc « veut, à l'image de son Etat : internationale ». [28]

Des relations économiques restreintes, un certain « décalage » culturel comtois

Les relations économiques entre les deux provinces semblent alors médiocres. Le tracé des voies de communication n'a guère changé depuis l'époque précédente et les trafics également : Bourguignons et Comtois continuent de vendre des produits à Marseille, Avignon, Lyon et de fréquenter les foires de Chalon. Les relations culturelles également sont médiocres. En Bourgogne, sous les ducs-comtes devenus les Grands Ducs d'Occident se dressent des constructions prestigieuses. A la Chartreuse de Champmol (1383), à Dijon, véritable foyer d'art européen, travaillent le flamand Cl. Sluter et l'Aragonais J. de la Huerta. A Dijon encore, s'élèvent la Sainte-Chapelle (1431) et le Palais des ducs, et à Beaune l'Hôtel-Dieu (1443) où oeuvra R. van der Weyden.

En revanche, la Franche-Comté ne semble bénéficier que très médiocrement de sa proximité géographique avec sa voisine. En effet, «si l'on compare la civilisation des deux provinces dans ses aspects culturels et artistiques, l'écart est tel que le rapprochement ne peut guère être soutenu avec raison (...). C'est à un bilan bien pauvre de la civilisation (comtoise) que l'on aboutit, surtout lorsqu'on le compare à celui du duché voisin (...). La Franche-Comté ne fut pas (...) une terre où les arts s'épanouirent brillamment». [28] L'historien comtois poursuit en signalant que les beaux vestiges de cette époque sont rares et « laissent souvent une impression de retard par rapport à l'évolution artistique du royaume » ; par exemple, « l'abbatiale de Luxeuil, construite au milieu du siècle (le XIVe), semble appartenir à l'époque précédente. Preuve que la position de la Comté reste un peu marginale, même dans les Etats des Valois, et qu'un décalage culturel demeure entre Comtois et Bourguignons ». [28] Toutefois, selon la formule de J. Calmette : « si distinctes qu'elles demeurent, si jalouses et si opposées dans une certaine mesure par leur esprit et leurs aspirations, l'une et l'autre (...) contribuent, chacune pour leur part, à la gloire de la dynastie ». [11]

Deux provinces entraînées dans la politique des Grands Ducs d'Occident

Duché et Comté participent évidemment aux heurs et malheurs du temps, en particulier à la crise provoquée par la guerre de Cent Ans (1337-1453). Dans les débuts de celle-ci, les seigneurs comtois pratiquent un jeu de bascule entre Angleterre et France. Plus tard ils se placent derrière les Grands Ducs, avec les Bourguignons. Tous participent à l'impôt levé pour la libération de Jean sans Peur, futur duc-comte, prisonnier des Turcs après la croisade et la défaite de Nicopolis en 1396 ; les nobles « ne manquent pas d'être présents aux côtés de Jean sans Peur dans sa rivalité contre les Armagnacs et dans ses rapports avec l'Angleterre ». [28]

Depuis 1384 d'ailleurs, la Bourgogne elle-même, et *a fortiori* la Franche-Comté, ne sont plus, au niveau politique, qu'un élément d'un puzzle qui s'est agrégé autour des deux provinces. Philippe le Hardi reçoit en effet de son beau-père Louis de Mâle le Nivernais, les comtés de Flandres, d'Artois et de Rethel. Philippe le Bon, recueille par héritage la plus grande partie des Pays-Bas et, après avoir été allié aux Anglais contre les « Armagnac », il obtient en 1435, pour prix de son ralliement à Charles VII, l'Auxerrois et le Mâconnais (*fig. 11*).

Désormais, les Grands Ducs d'Occident veulent pratiquer une grande politique en tentant d'abord de dominer le royaume de France puis, avec Charles le Téméraire, de construire une sorte de nouvelle Lotharingie, en réunissant les territoires des Pays-Bas et ceux des deux Bourgognes par la conquête de la Lorraine et de l'Alsace. Cette ambition apparaît structurellement fragile car les liaisons entre l'Italie et les Flandres, sur lesquelles s'appuie ce nouvel Etat, sont en train de se détourner : depuis le XIVe siècle, la voie maritime par la Méditerranée et l'Atlantique ou la voie terrestre, ouverte par les Suisses entre Milan et la vallée du Rhin par le Saint-Gothard court-circuitent les routes traditionnelles du Grand Saint-Bernard ou de la vallée du Rhône. Cette ambition est également contrée par une coalition formée par Louis XI, les Alsaciens et les Suisses qui craignent la puissance de ce nouvel Etat. On sait que Charles le Téméraire, battu en Suisse, à Grandson et Morat (1476), meurt devant Nancy en 1477 en laissant sa fille Marie comme unique héritière : la Bourgogne et la Franche-Comté vont se trouver une nouvelle fois séparées.

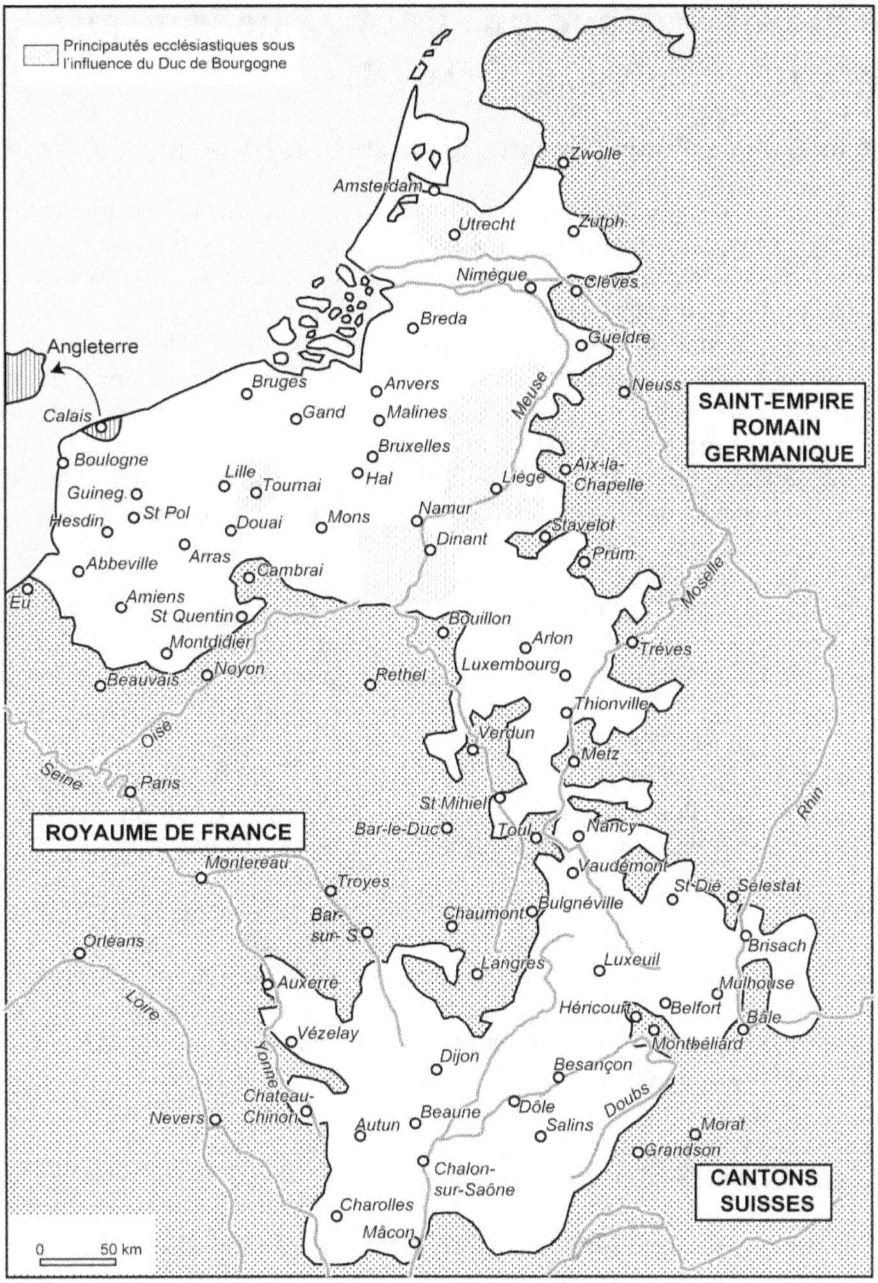

Source : J.M. Miossec, Géohistoire de la régionalisation en France, 2008.

Figure 11. L'Etat bourguignon dans sa plus grande extension

Une dernière désunion : Bourgogne française, Comté impériale (1477-1678)

Un intermède d'une quinzaine d'années (1477-1493)

Marie, malgré son mariage avec Maximilien de Habsbourg, fils de l'Empereur Frédéric III, ne peut maîtriser la situation. Louis XI, qui lorgne depuis longtemps sur les deux Bourgognes, estime que, « le duché de Bourgogne étant un apanage du royaume qui ne peut se transmettre aux femmes, le roi doit donc le réunir en son domaine » ; il fait immédiatement savoir aux habitants du duché qu'ils font partie du royaume de France, mais il ne devient véritablement maître de la province que deux ans plus tard, après plusieurs interventions armées et après avoir confirmé les privilèges que Jean le Bon avait accordés en 1361. Il attaque également, en 1477, la Comté qui ne sera occupée qu'en 1479, après une forte résistance qui vaudra à Dole une mise à sac et une destruction partielle.

Au traité d'Arras (1482), un accord prévoit que Marguerite, fille de Marie et de Maximilien, sera fiancée au dauphin Charles, futur Charles VIII, et qu'elle lui apportera en dot la Franche-Comté : celle-ci semble donc promise à redevenir française, comme le duché, mais neuf ans plus tard, c'est Anne de Bretagne que Charles VIII épouse ! Le traité d'Arras devenant caduc, Maximilien tente de reprendre la Comté en 1492, puis par le traité de Senlis (1493) le roi renonce à celle-ci qui revient alors à nouveau aux Habsbourg : ainsi, il s'en est manqué de peu pour que la province ne devienne française deux siècles plus tôt…

Durant deux siècles, les deux régions vont donc suivre à nouveau des destins très séparés : alors que la Bourgogne, définitivement incorporée au royaume de France, voit la monarchie accroître vigoureusement son autorité, la Franche-Comté, redevenue province du Saint-Empire, renforce constamment son autonomie par rapport au pouvoir impérial des Habsbourg. L. Febvre résume ainsi la situation : « alors que la Bourgogne se fonde dans l'unité du grand royaume voisin, la Franche-Comté oscille entre le type féodal du petit Etat provincial indépendant et le type plus moderne de la province fondue avec d'autres dans l'unité supérieure d'un grand Etat ».

La Bourgogne, province frontière intégrée au royaume

Désormais séparée de la Franche-Comté, la Bourgogne devient une province frontière du royaume : les défenses de Dijon, Beaune, Chalon sont renforcées. Le pire est toutefois évité par le traité de neutralité de 1508 qui prévoit d'éviter les hostilités entre Bourgogne et Franche-Comté, même lorsque leurs souverains sont en guerre. Ce traité se trouve paradoxalement renforcé après que les Suisses, alliés de Maximilien, ont mis le siège devant Dijon en 1513, puis fait retraite contre une forte indemnité. En effet, en 1522, les Suisses se posent finalement en garants du traité de neutralité entre Bourgogne et Franche-Comté, intéressés qu'ils sont par la laine et le sel comtois : le traité sera finalement assez régulièrement renouvelé et respecté pendant plus d'un siècle.

Les contrecoups de la lutte entre maisons de France et d'Autriche sont donc, dans une certaine mesure amortis, à l'exception de la sérieuse alerte de 1526. Cette année là, François 1er, capturé à Pavie, cède le duché de Bourgogne à Charles Quint par le traité de Madrid. Cette cession, non ratifiée d'ailleurs par le Parlement de Bourgogne, ne sera finalement pas appliquée et, en 1544, Charles Quint renonce expressément à ses droits sur le duché : les deux Bourgognes ne seront donc plus jamais réunies dans le cadre de l'Empire.

La Bourgogne reste également relativement épargnée par les soubresauts intérieurs du royaume : par exemple, la Saint-Barthélémy (1572) est épargnée à la province par le lieutenant général Chabot de Charny, et c'est de Dijon que part Henri IV pour vaincre les Espagnols à Fontaine-Française, en 1595, avant de signer trois ans plus tard l'édit de Nantes qui met fin aux guerres de religion. Toutefois, les luttes qui opposent catholiques et protestants entre 1560 et 1598, amènent le passage de reîtres (mercenaires allemands du Palatinat), appelés par Coligny, en 1569 et 1576. En 1630, des émeutes populaires (le Lanturlu) dressent les Dijonnais contre l'accroissement de la taille et la transformation de la province en pays d'élection : les impôts ne seront plus « accordés » par les Etats, mais imposés par l'administration royale ; finalement le statut de pays d'Etats est rendu au duché en 1632. Les ennuis les plus sérieux proviennent, en 1636, de la rupture par Louis XIII du traité de neutralité au cours de la guerre de Trente ans (1618-1648). Le Dijonnais est alors envahi par les troupes impériales de Gallas qui échouent devant Saint-Jean-de-Losne, après un siège mémorable.

Jusque là, le traité de neutralité a également permis la poursuite des relations avec la Franche-Comté. En effet, « près de deux siècles de vie commune avaient tissé entre le duché et la Franche-Comté des liens étroits (…) ; des mariages avaient uni les familles nobles ou bourgeoises, entraînant l'imbrication des domaines (…) de part et d'autre de la frontière nouvelle (…). Les Bourguignons souhaitaient donc maintenir leurs relations traditionnelles avec leurs voisins » [49], en particulier leurs échanges commerciaux et « ils s'opposèrent à ce que les dispositions frappant les étrangers (…) s'appliquassent aux Comtois, de crainte de représailles ». [49] Les relations commerciales sont donc maintenues, mais elles sont gênées par les péages et octrois installés sur la Saône : les relations à longue distance passent désormais moins qu'auparavant d'une région à l'autre. Ainsi, en Franche-Comté par exemple, le trafic est plus orienté vers la Suisse, par le péage de Jougne, ou vers l'Alsace et vers Lyon que vers la Bourgogne ; celle-ci regarde plus que jamais vers le royaume de France.

Au cours de cette période, la Bourgogne connaît le cursus classique des provinces annexées au royaume de France, c'est-à-dire celui d'une autorité croissante du pouvoir central qui s'exerce par l'intendant (le premier est installé en 1644) et par le gouverneur. Celui-ci, chef militaire de la province, devient en Bourgogne un personnage considérable car la fonction est occupée, de 1631 à 1789 par les princes de Condé, apparentés à la famille royale. La province garde cependant « jusqu'à la fin de l'Ancien Régime sa Chambre des Comptes, son Parlement fixé à Dijon en 1480 (...), ses Etats réunis à Dijon tous les trois ans pour voter et répartir les impôts ». [13] Malgré tout, à la fin de la période, « les anciennes institutions ont perdu les moyens de s'opposer au roi (...). Le Parlement se borne à présenter de temps à autre, et sans illusions, de respectueuses remontrances. Les Etats conservent des prérogatives administratives mais ne peuvent guère que modérer l'accroissement de la charge fiscale (...). L'autorité réelle, quotidienne, passe aux mains de l'intendant, représentant direct du roi dans la généralité. (Au cours de la période), l'intégration de la province dans le Royaume franchit une étape décisive ». [2] Il en va tout autrement en Franche-Comté.

En Franche-Comté : une « nationalité naissante » ?

Au cours de cette période, la Franche-Comté va, au contraire, jouir d'une quasi-autonomie au point que l'historien comtois, Lucien Febvre, a pu parler d'une « nationalité naissante » qui, évidemment l'a fondamentalement éloignée de sa voisine bourguignonne. La Franche-Comté jouit en effet d'institutions dotées d'une large autonomie et dans lesquelles « trois pouvoirs s'équilibrent. Le plus puissant n'est pas celui du gouverneur particulier de la province, mais celui, collégial du Parlement de Dole, (sorte de) Conseil de justice doublé d'un Conseil d'Etat (qui) forme la clé de voûte de l'autonomie comtoise (et) s'occupe de tout (...). Ses membres sont nommés par le souverain, mais choisis sur une liste de trois candidats dressée par (le Parlement). Le gouverneur défend les intérêts de la vieille noblesse comtoise dont il est toujours issu ». [52] Celle-ci, appréciée des souverains, peuple l'administration d'un bout à l'autre de l'Empire et atteint parfois à de hautes fonctions, comme Nicolas Perrenot, originaire d'Ornans, garde des sceaux de Charles Quint, et son fils, le cardinal Granvelle, vice-roi de Naples et principal conseiller de Philippe II. Quand le souverain a besoin d'argent, il convoque les Etats qui lui votent un « don gratuit » et présentent à chaque session une liste de voeux. L'autonomie a cependant ses limites puisque « tout, en dernier ressort dépend du souverain » [28] et la politique extérieure échappe complètement aux pouvoirs locaux.

Symptômes d'une conscience locale, les premières cartes et les premières histoires de la Comté sont publiées au XVIe siècle. Au cours de la guerre de Dix Ans (appellation locale de la guerre de Trente Ans), des projets d'union à la Confédération suisse sont même envisagés, mais qui finalement échoueront. En somme, « Ni de France, ni d'Empire, fier de son petit pays, l'habitant de la Franche-Comté se veut seulement bourguignon, c'est-à-dire Comtois ». [52] Cette autonomie est due à la conjonction de plusieurs facteurs. D'abord, la Comté dépend d'un Empire dont le centre se trouve très éloigné, que ce centre soit en Allemagne avec les Habsbourg d'Autriche (1493-1556) ou à Madrid, avec les Habsbourg d'Espagne (1556-1678). Même si, de fait, elle est gouvernée depuis les Pays-Bas auxquels elle est administrativement rattachée, la distance reste grande à l'époque puisqu'il faut une quinzaine de jours à un cavalier pour aller de Dole à Bruxelles. Ensuite, la Comté est gouvernée, sauf en fin de période, par des princes particuliers, proches parents des Empereurs, d'abord les enfants de Marie, fille du Téméraire, puis la sœur de Charles Quint, la demi-sœur et la sœur de Philippe II, qui disposent d'une certaine autonomie par rapport au pouvoir central. Enfin, elle profite du traité de neutralité avec la Bourgogne et les Cantons suisses qui lui garantit, jusqu'à la guerre de Trente Ans, une paix relative, ponctuée toutefois du passage des troupes espagnoles en route pour les Pays-Bas révoltés, ainsi que des « reîtres » protestants qui gagnent la France en 1569 et de l'armée de Henri IV qui ravage une partie du pays après sa victoire de Fontaine-Française en 1595 ; elle est également largement épargnée par les guerres de religion. En revanche, à l'inverse de sa voisine bourguignonne, la Franche-Comté souffre directement des malheurs de la guerre de Trente Ans.

Cette guerre, appelée ici « de Dix ans » (1635-1644), commence avec la déclaration de guerre, faite aux Habsbourg, par Richelieu. Celui-ci tente, en 1636, de mettre la main sur la Franche-Comté, mais l'armée de Condé doit lever le siège de Dole qui s'est vaillamment défendue. Les troupes françaises reviennent en 1637 et 1638 ; l'année suivante, les Suédois de Bernard de Saxe-Weimar, alliés de la France, détruisent tout sur leur passage et laissent, dans un pays touché par ailleurs par la peste et la famine, un souvenir effroyable. Les paysans comtois résistent, par une guerre de partisans symbolisée par le légendaire « capitaine » Lacuson, jusqu'en 1644, date à laquelle les troupes de Turenne évacuent le pays. Des trêves renouvelables sont alors signées entre les deux Bourgognes, qui amènent au traité de Westphalie en 1648 : la Comté reste finalement dans l'Empire.

Cependant, la Franche-Comté, « pays ruiné, vidé de ses habitants (…) vit dans l'illusion (…) d'un retour au passé, à l'autonomie garantie par la neutralité (…) alors qu'autour d'elle le monde a changé (…). La France est devenue la première puissance de l'Europe et ses armées campent à toutes ses frontières, sauf du côté suisse ». [49] L'équilibre des institutions s'est également effondré car les Etats n'ont pu être réunis pendant la guerre. Les Comtois espèrent un retour à la neutralité et tentent de s'entendre avec les Suisses pour obtenir leur soutien armé, mais en vain, car leurs voisins exigent en contrepartie l'énorme somme de 400 000 francs ! Certains songent même « à faire du Comté de

Altas et géographie de la Haute-Bourgogne et de la Franche-Comté, Flammarion,1978.

Document 3. Le siège de Besançon par Louis XIV (1674)

Bourgogne un canton membre de la Confédération Helvétique » [36], mais les négociations échouent. Louis XIV, prenant alors prétexte des droits de la Reine sur la Comté, occupe celle-ci en une quinzaine de jours, en 1668, presque sans combat. La Franche-Comté aurait ainsi pu devenir française dix ans plus tôt, mais Louis XIV, plus intéressé par sa frontière du nord, l'échange la même année contre les places fortes des Pays-Bas (Traité d'Aix-la-Chapelle). L'autonomie comtoise s'en tire bien mais ce n'est que partie remise …

La province est effectivement évacuée mais, au préalable, Louis XIV prend soin de faire raser les forteresses, d'abattre les murailles des villes, de vider les arsenaux et d'assécher les caisses publiques. En 1674, les armées françaises sont de retour mais, cette fois, les Comtois résistent : les paysans s'attaquent aux troupes isolées et les villes résistent : Dole fait face pendant 11 jours et Besançon soutient un siège de 27 jours devant les 25 000 hommes d'élite de Louis XIV, présent en personne (*doc. 3*). La Franche-Comté est finalement reprise en cinq mois. Cette deuxième conquête, reconnue officiellement par le traité de Nimègue, en 1678, met définitivement fin à l'autonomie comtoise et rassemble une nouvelle fois les deux provinces sous un même pouvoir (*doc. 4)*.

***

Ainsi jusqu'en 1477, la Franche-Comté s'est indiscutablement rapprochée institutionnellement et culturellement de sa voisine bourguignonne. Toutefois, même au cours des deux unions, et particulièrement même au cours de la plus longue, on constate un certain décalage entre les deux provinces, la Comté n'adoptant souvent les nouvelles institutions que sous la contrainte et n'accueillant qu'avec retard les nouveautés culturelles.

Après son retour dans l'Empire, en 1493, la Franche-Comté reste par certains côtés proche de sa voisine bourguignonne car elle « reste française par sa langue, sa civilisation, et même son organisation administrative » [28] ; « on n'y a jamais parlé allemand ou espagnol, mais français, un français patoisé dans les campagnes ». [52] En revanche, par bien d'autres côtés, l'écart entre les deux régions semble s'être élargi après 1493. C'est évident au niveau des institutions puisque la main du roi de France s'est alourdie sur le duché, alors que la Comté s'est autonomisée. On le constate également au niveau culturel : la Renaissance artistique arrive tardivement en Franche-Comté puisque, dans la première partie du XVIe siècle on y construit encore des églises gothiques (collégiale de Dole), alors que les églises bourguignonnes s'ouvrent à la Renaissance (façade de Saint-Michel à Dijon) ; la partie renaissance de l'hôtel de ville de Besançon est bien l'œuvre d'un comtois, Hugues Sambin, mais qui a été formé en Bourgogne.

Ainsi, il n'est pas interdit de penser que les particularités de la Franche-Comté se sont affirmées au cours des deux siècles de retour aux Habsbourg. L'orientation économique de la province vers l'est plutôt que vers l'ouest, le décalage culturel avec sa voisine, le sens aigu de son particularisme et de son originalité ont certainement contribué à ce que les Comtois soient particulièrement réticents à toute autorité bourguignonne sur leur région et à toute prééminence de Dijon sur Besançon. On en reparlera !

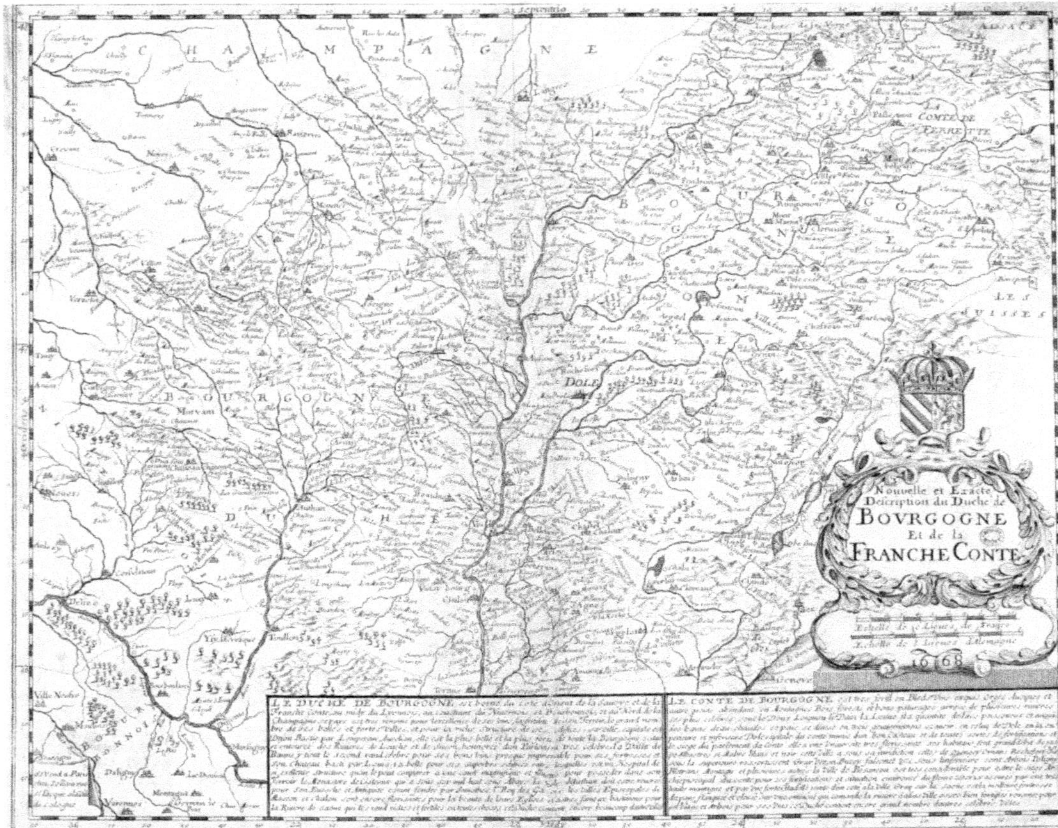

Fonds Bibliothèque Municipale de Besançon

Document 4. Bourgogne et Franche-Comté en 1668

Des provinces aux départements et les débuts du régionalisme (1678-1880)

Au rebours de la période précédente, où la Bourgogne avait été intégrée au royaume de France et où la Franche-Comté s'était autonomisée, c'est au tour de cette dernière d'entrer, de gré ou de force mais finalement souvent de gré, dans le moule français. Le moule de l'Ancien Régime d'abord, période pendant laquelle la province perd assez vite son autonomie, puis celui de la France contemporaine qui voit les deux anciennes provinces éclater en départements et entamer une bifurcation économique qui contribuera à les éloigner l'une de l'autre.

Deux provinces du royaume de France (1678-1789)

Bourgogne et Franche-Comté sont donc à nouveau soumises au même pouvoir intégrateur (*doc. 5*) qui cherche à rogner les particularités locales mais, alors que la première a déjà fait une bonne partie du chemin, tout reste à faire, ou presque, pour la seconde.

La Franche-Comté « pays conquis » mais pacifié

A cette Franche-Comté qui vient de lui résister, Louis XIV veut imposer rapidement son autorité. Avant même la date officielle de l'intégration au royaume, il installe, en 1676, à Besançon (et non dans la vieille capitale Dole qui lui a tenu tête) un intendant de justice, police, finances et fortifications dont les titres montrent bien l'ampleur des missions, d'ailleurs plus étendues qu'en Bourgogne car la Franche-Comté est considérée comme un « pays conquis ». L'un d'eux affirmera que, « quand le roi veut quelque chose, il n'y a qu'à se soumettre ». Besançon, dépendance directe de l'Empereur, mais réintégrée à la Franche-Comté en 1664 (cette « vieille ville espagnole », selon Victor Hugo, ne l'aura guère été en réalité, qu'une dizaine d'années), devient donc la capitale de la province : le Parlement y est installé la même année que l'intendant, puis l'Université, en 1691.

D'abord prudent vis-à-vis des Comtois, Louis XIV « n'introduit que progressivement la législation française » [52], ce qui ne l'empêche tout de même pas d'implanter la vénalité des offices et de multiplier ceux-ci ; de nouvelles juridictions sont créées, d'anciennes sont transformées. Les anciennes grueries sont remplacées par les Maîtrises des Eaux et Forêts et une Ordonnance qui

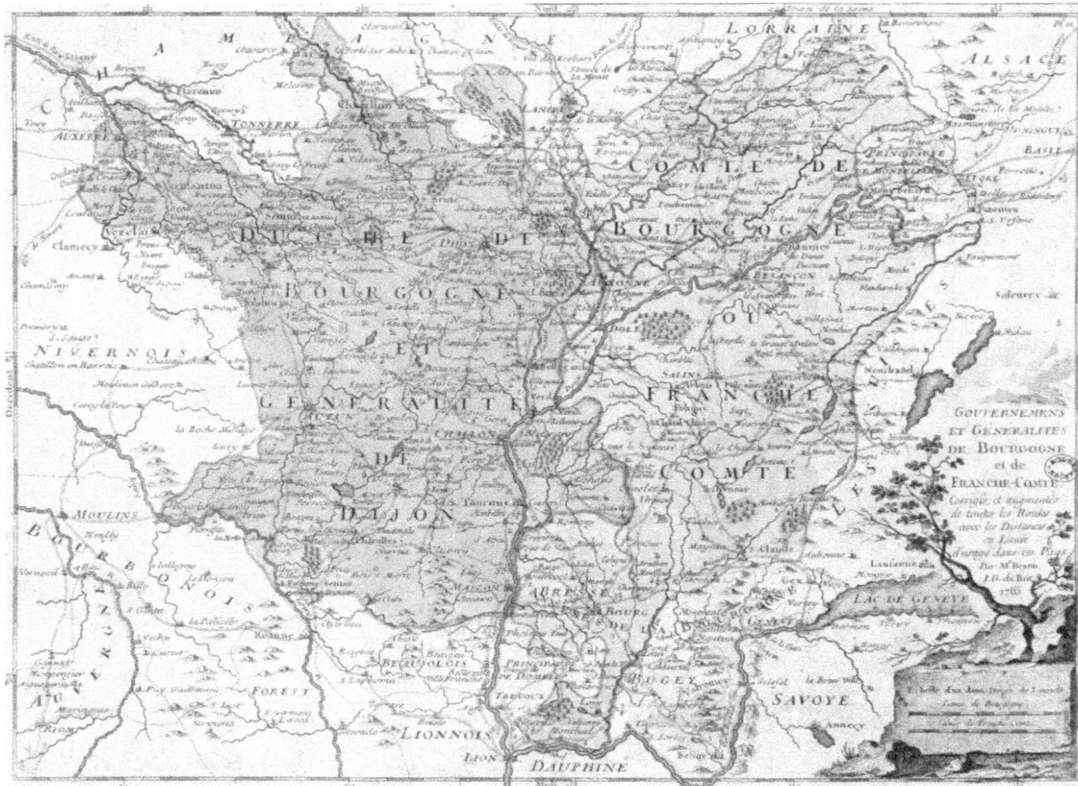

Fonds Bibliothèque Municipale de Besançon

Document 5. Bourgogne et Franche-Comté en 1765

bouleverse les habitudes forestières comtoises est promulguée en 1694. Les Etats n'étant plus réunis, la contribution extraordinaire établie par les Espagnols pour défendre la Comté devient l'impôt ordinaire, désormais réparti par l'intendant lui-même ; les impôts levés dans les autres provinces à la fin du règne de Louis XIV (la capitation en 1701, le dixième en 1710) le sont ici aussi ; les villes sont lourdement taxées et Besançon paie 300 000 livres pour fortifier la citadelle. Les charges sont telles que les Comtois paient désormais cinq fois plus d'impôts qu'avant la conquête ! Dans un premier temps, la Franche-Comté conserve sa liberté de commerce avec l'étranger mais, à partir de 1693, malgré l'opposition du Parlement, des droits de douane sont perçus à la fois sur les marchandises entrantes et sortantes. En somme, bien que faisant partie du royaume, elle est considérée comme « province réputée étrangère », ce qui gêne les échanges économiques officiels, notamment avec la Bourgogne, mais favorise la contrebande sur les produits les plus taxés. En 1750, pour la première fois, le premier président du Parlement n'est pas Comtois et pire, six ans plus tard, c'est l'intendant lui-même qui prend la tête du Parlement. Ainsi « la Franche-Comté s'aligne sur le reste du royaume ». [28]

On aurait pu penser à une opposition frontale d'une province fière de son ancienne autonomie. C'est effectivement parfois le cas et M. Gresset pense même que l'on a peut-être sous-estimé cette opposition, les Intendants n'ayant pas intérêt à la dévoiler. Les Français ont en effet mauvaise presse en Franche-Comté. On s'y souvient des ravages causés par eux ou leurs alliés au cours de la guerre de Dix Ans et plus récemment pendant la conquête de 1674 ; on y regrette les franchises supprimées par Louis XIV et la légèreté des anciens impôts. Plus grave, plusieurs complots sont ourdis pendant la guerre de Succession d'Espagne pour faire revenir la province dans le giron impérial. Et, si la domination française « semble avoir été assez facilement acceptée par une bonne partie des nobles, qui avaient déjà tissé des liens matrimoniaux avec la France » [52], certains, plus nombreux peut-être qu'on ne l'a dit, selon M. Gresset, quittent le pays. La masse des Comtois et le clergé sont plus difficiles à convaincre. Un intendant se plaint du « mauvais esprit des curés et des moines, ce qui ne se peut empescher à cause des confessions ». [66] Des paysans, attirés par le roi de Prusse, vont s'installer en Allemagne et certains se seraient fait enterrer la face contre terre, pour ne pas voir le Roi-Soleil ; les propos antifrançais sont monnaie courante : à Vercel on se traite mutuellement « d'Allemands » et de « Français » et, en 1707, un habitant du lieu boit à la santé de l'Empereur. [66] Les citadins sont également parfois partagés : à Vesoul « les *Dauphins* se heurtent aux *Croquants* et les *Armagnacs* aux *Bourguignons* ». [36] Toutefois, plusieurs facteurs vont favoriser l'acceptation du nouveau pouvoir par l'ensemble des Comtois.

Le retour de la paix, qui va durer jusqu'à la Révolution, s'avère certainement essentiel. Il amène une prospérité économique qui se manifeste notamment par la reconstruction des églises, si typiques avec leur clocher à l'impériale, et par le progrès des voies de communication. L'amélioration de la route de Besançon à Dijon, par Dole, favorise les échanges avec la Bourgogne et la capitale : au milieu du XVIIIe siècle, Paris n'est plus qu'à quatre jours de Besançon par diligence, ce qui est alors considéré comme rapide. L'intégration au royaume se traduit par un renouveau culturel. La langue française progresse au détriment du patois, grâce au développement de l'enseignement primaire donné en français : à la fin de la période, deux hommes et une femme sur trois savent signer leur acte de mariage. Le gouverneur de la province fonde, en 1752, l'Académie des Sciences, Belles-lettres et Art de Besançon et l'Encyclopédie de Diderot se diffuse dans les milieux cultivés. De nombreux Comtois font « carrière dans la capitale (...) et, très vite, les architectes comtois se mettent à l'école de leurs confrères parisiens». [52] Des architectes parisiens viennent également travailler en Franche-Comté, le plus célèbre étant le constructeur des salines d'Arc-et-Senans, Claude-Nicolas Ledoux. A la faveur de la vénalité des charges, plusieurs Bourguignons vont faire partie du Parlement. La noblesse locale entre dans le Régiment de Bourgogne créé par Louis XIV. Les filles de la bonne société locale sont élevées dans les couvents de Dijon « pour leur faire perdre en partie l'accent comtois dont les soin des mères ne peut les défendre ». [36] Progressivement, la société comtoise se rapproche ainsi culturellement de celle du royaume et donc de la Bourgogne.

L'opposition à la royauté ne réapparaît vraiment qu'à partir de 1756, avec l'hostilité du Parlement local, seul vrai contrepouvoir à l'intendant, lors du doublement de l'impôt du vingtième. Cette opposition du Parlement, certes pugnace, n'est finalement tout de même guère différente de celle qui a cours dans les autres provinces, malgré quelques aspects originaux, comme le refus de la suppression de la mainmorte et la demande d'une réunion des Etats de la province, restés en sommeil depuis 1666. Ce qui n'empêche pas le Parlement, lorsque des assemblées provinciales sont créées par Lomélie de Brienne en 1787, de s'y opposer fortement, par crainte que cette institution ne lui porte tort, et ce, curieusement « au nom des franchises de la nation séquanaise ».[44] D'ailleurs, « le peuple comtois commence à se rendre compte que la monarchie française a tenté à plusieurs reprises d'instaurer une meilleure répartition des impôts, et que ses tentatives ont échoué seulement par suite de l'hostilité des privilégiés (...) et que l'intégration de sa petite patrie dans un Etat puissant, lui a valu, à côté d'inconvénients, de sérieux avantages » [28], en particulier la paix. A la veille de la Révolution, « malgré la persistance de quelques méfiances, les Francs-Comtois étaient devenus parfaitement français. Le peuple l'était devenu profondément ». [28] En 1790, la province sera l'une des premières à lancer le mouvement de fédération qui trouvera son apothéose à Paris le 14 juillet. Preuve d'une intégration progressive de la province au royaume et donc d'une accentuation des similitudes avec sa voisine bourguignonne.

La Bourgogne sauvegarde une modeste autonomie

Les institutions bourguignonnes ne sont évidemment pas très différentes de leurs homologues comtoises, puisque le duché est administré par un intendant, semblable à celui d'autres provinces, des Etats, un gouverneur, un Parlement, etc. Toutefois, certaines de ces institutions gardent un fonctionnement un peu spécifique.

Si les Etats « ne peuvent guère que modérer l'accroissement de la charge fiscale (du moins) conservent-ils des prérogatives administratives » [2], au moins sont-ils convoqués tous les trois ans, ce qui n'est plus le cas en Franche-Comté, et ont-ils réussi à s'abonner à la quasi-totalité des impôts, à les répartir, à les percevoir et à décider de leur emploi. En outre, si le gouverneur, chef militaire de la province, n'a plus, comme en Franche-Comté, de pouvoir réel et n'est qu'un simple relais de la volonté royale, son rôle de fait reste considérable puisque, on le sait, la fonction est occupée jusqu'en 1789 par les princes de Condé qui sont considérés, dans une certaine mesure, comme les successeurs des ducs : « rien d'important ne se fait sans eux ». [49]

Le Parlement, dessaisi de prérogatives qu'il croyait siennes (finances des communautés, Eaux et Forêts par exemple) réagit d'abord puis, jusqu'au milieu du XVIIIe siècle « ne bronche plus », avant d'entrer en rébellion « de 1756 à 1772, temps des grandes résistances ». [49] Il représente alors l'opposition la plus tenace à l'absolutisme royal, notamment contre la multiplication des impôts et les essais de réforme de l'organisation administrative du royaume tentés par Lamoignon et Lomélie de Brienne. En somme, grâce aux Condé, aux Etats maintenus et à un Parlement vindicatif, la Bourgogne maintient une petite autonomie, parfois surtout de façade, alors que la Franche-Comté est mise plus rudement au pas. La situation est donc, au moins en partie, désormais inversée par rapport à la période précédente.

Les relations entre les deux provinces s'améliorent

L'intégration des deux provinces dans le même royaume amène une réelle amélioration des voies de communications après 1740. La Franche-Comté est désormais dotée de 500 lieues de routes royales, grâce à l'ingénieur Querret et, en Bourgogne, « la réalisation d'un bon réseau routier est une des grandes œuvres du siècle des Lumières ».[49] La route Paris-Auxerre-Dijon, « réussit, dans la seconde moitié du siècle, à franchir l'obstacle des côtes de Sombernon » et la route de Dijon vers Besançon « passe définitivement par Dole, réduisant l'importance de Saint-Jean-de-Losne » [49] *(doc. 6)*. A la fin de la période, trois fois par semaine, des voitures publiques relient, via Dole, Besançon et Dijon ; de cette dernière, des turgotines joignent Paris en quatre jours, deux fois par

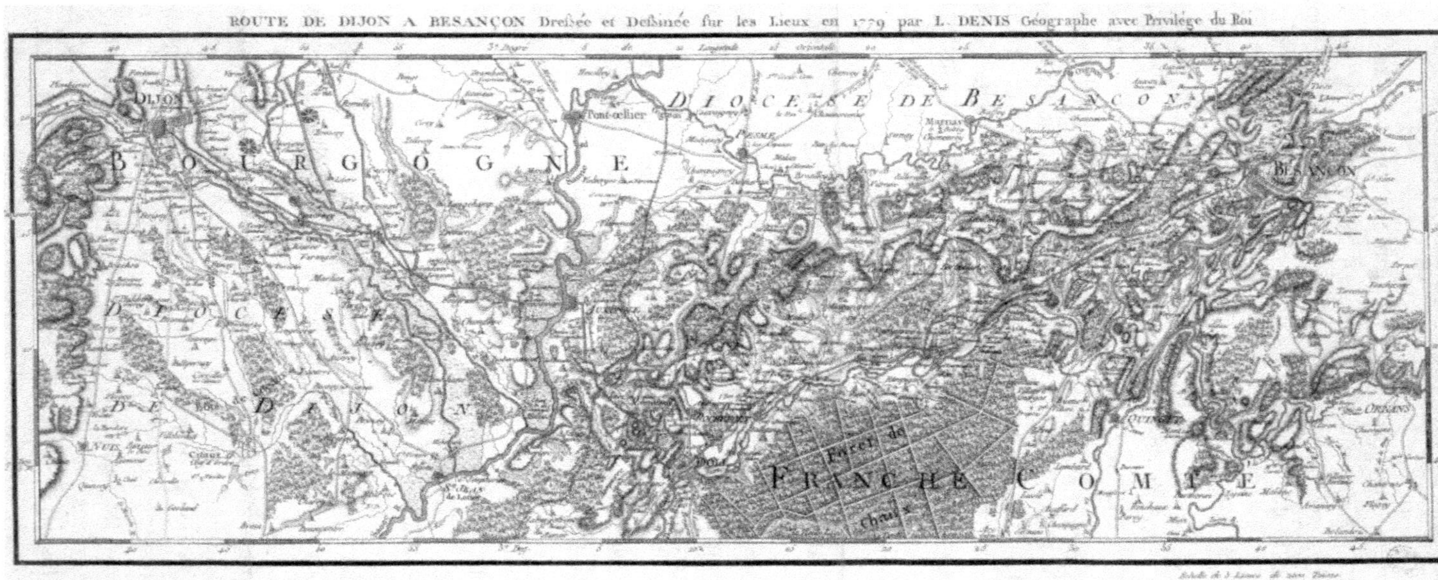

Fonds Bibliothèque Municipale de Besançon

Document 6. Route de Dijon à Besançon en 1779

semaine. Le XVIIIe siècle voit également le démarrage des canaux mais pas leur achèvement. Le canal du Charolais (aujourd'hui du Centre) est bien avancé en 1789, celui de l'Yonne à la Saône (aujourd'hui de Bourgogne) et celui de Saint-Symphorien (de la Saône à Dole, futur canal du Rhône au Rhin) sont à peine entamés.

Bien que la Bourgogne fasse partie des « cinq grosses fermes », alors que la Franche-Comté est « réputée étrangère » et donc qu'il faille payer des droits de douanes sur la Saône à l'entrée et à la sortie des marchandises, le Contrôleur général des finances affirme que « le trafic est intense entre les deux provinces (...). De Franche-Comté viennent les fers et le bois destinés aux arsenaux des flottes et le fromage ; le vin de Bourgogne transite par la Comté vers l'Alsace et l'Europe du Nord » et, dans une lettre de 1782, des négociants de Chalon estiment que leur ville « sert, dans l'intérêt des deux provinces, d'entrepôt du commerce de l'Allemagne avec l'Italie par la navigation de plusieurs rivières et par les différentes routes qui viennent y aboutir ». [55] Aux produits cités, il faudrait ajouter le sel, qui donne lieu à une forte contrebande sur la Saône, et le bétail, puisque des marchands bourguignons viennent acheter, par exemple, des poulains aux foires rurales comtoises. Administrativement, les deux provinces « dépendent de deux secrétaires d'Etat différents : la Bourgogne, de la Maison du Roi et la Franche-Comté, de la Guerre ; (pourtant) entre les deux intendants s'établissent des relations de voisinage : luttes contre les épizooties des bovins, contrôle des exportations de grains (et) le Contrôleur général des finances prie les intendants de se concerter sur le tracé des axes de communication, comme le chemin de Lons-le-Saunier à Dijon » [55] et, déjà, sur un projet de canal du Rhône au Rhin ! En effet, dans un de leurs rapports on peut lire : « le canal de Franche-Comté s'étendra depuis le village de Saint-Symphorien sur la Saône. De là, il sera continué jusqu'au-dessous de Strasbourg et opèrera une troisième jonction des deux mers par celles de la Saône et du Rhône avec l'Ill et le Rhin. Il sera navigable par une prise d'eau faite dans le Doubs ».[55] Dans un autre registre, on peut noter que des Comtois viennent participer, après 1680, aux concours de tir organisés par les sociétés bourguignonnes des « chevaliers de l'Arquebuse ».

La compétition entre les deux anciennes capitales de province n'en reste pas moins vive. Par exemple, le transfert de l'université de Dole à Besançon, en 1691, incite les Etats de Bourgogne à en réclamer une pour Dijon, désormais éloignée de la nouvelle université. Le prince de Condé intervient auprès de Louis XV qui accorde quatre facultés à Dijon. Les Bisontins réagissent, s'entendent avec l'université de Paris et quelques autres qui craignent la concurrence, et obtiennent, en 1722, que l'Université de Dijon soit réduite à une seule faculté de droit, inaugurée en 1723.

Alors que, malgré ces querelles localisées, les deux provinces ont tendance à se rejoindre, l'éclatement des provinces à la Révolution, puis des évolutions économiques divergentes à partir du milieu du XIXe siècle les font à nouveau s'éloigner l'une de l'autre.

La départementalisation et la langueur des deux anciennes capitales provinciales (1790-1850)

Un nouveau découpage administratif

La Constituante souhaite homogénéiser l'administration de la Nation et casser l'esprit particulariste des provinces, réapparu lors des tentatives de création d'assemblées provinciales à la fin de l'Ancien Régime (*fig. 12*). Elle supprime donc les provinces par les décrets du 4 mars 1790 tout en respectant en partie leurs contours dans le nouveau découpage en départements. Je passe sur les péripéties, nombreuses, qui ont accompagné le découpage en départements, particulièrement en Saône-et-Loire où Mâcon a pris le dessus sur Chalon au mépris de toute logique historique et géographique (le chef-lieu est complètement décentré), dans le Jura où la bataille est sévère entre Dole, ancienne capitale mais excentrée, et Lons-le-Saunier, ainsi que dans le Doubs où l'on se sent défavorisé par rapport aux deux autres départements, notamment la Haute-Saône qui reçoit la partie considérée alors comme la plus riche de la province.

L'ancienne Bourgogne est donc divisée approximativement (car ici les limites correspondent imparfaitement) en trois départements (Côte-d'Or, Saône-et-Loire, Yonne), l'ancien Nivernais devenant le département de la Nièvre. La Franche-Comté est découpée en trois départements (Doubs, Jura et Haute-Saône), dont les limites correspondent mieux qu'en Bourgogne à l'ancienne province. Le Pays de Montbéliard qui avait, depuis le XVIe siècle, mené une vie à part sous ses princes wurtembourgeois et qui était passé au calvinisme, est annexé militairement en 1793 ; il rejoindra le Doubs en 1816. Quant au futur Territoire de Belfort, bien que parlant français, il est alors alsacien ; il restera français au traité de Francfort (1871) et ne fusionnera pas avec le Haut-Rhin quand l'Alsace redeviendra française en 1918 ; il n'obtiendra son statut de département qu'en 1922.

Figure 12. Les provinces de France en 1789

Une homogénéisation institutionnelle

Au nom de l'égalité républicaine, une unité institutionnelle est imposée aux départements en l'an VIII : chacun de ceux-ci est doté d'un Préfet et d'un Conseil général. Deux Cours d'appel sont créées, mais dont le ressort ne correspond pas à celui des futures régions ; plus tard, l'Empire crée deux universités et deux académies mais dont les ressorts ne correspondent pas non plus aux régions actuelles. Peu à peu les départements s'imposent, d'abord dans les faits, puis dans les têtes puisque, aujourd'hui encore, les Français définissent leur origine territoriale plus par leur appartenance à un département qu'à une Région. Les anciennes provinces sont peu à peu oubliées, le jacobinisme voyant d'un mauvais œil toute référence à des territoires qui, au moins pour certains, disposaient d'institutions particulières et d'une certaine autonomie. La vie économique, sociale, culturelle continue évidemment, mais dans un autre cadre que celui des provinces.

Pour les anciennes capitales de provinces, la départementalisation est dramatique. Elles voient leur ressort réduit des deux tiers, leur prestige abaissé au profit des autres chefs-lieux de département qui se dotent peu à peu « d'hôtels de préfecture, tribunaux, prisons, casernes, lycées, écoles, théâtres, musées, bibliothèques, etc. » [44] Après la suppression des Etats (au moins pour la Bourgogne puisqu'ils n'étaient plus réunis en Franche-Comté), des Parlements et des administrations qui les accompagnaient, seuls demeurent, dans les capitales provinciales déchues, le Préfet (qui remplace en somme l'Intendant, mais sur un territoire fortement réduit) et le Conseil général, mais qui n'a pas le prestige des anciennes assemblées. Leur population se met d'ailleurs à stagner puis à progresser seulement au ralenti, ce qui contribue à affaiblir leur rayonnement : Besançon, qui comptait 28 400 habitants en 1801, n'en dénombre que 400 de plus 25 ans plus tard et Dijon, peuplée de 23 000 habitants à la veille de la Révolution, n'en a que 27 000 en 1846.

Normalement, il faudrait arrêter là l'histoire des provinces et ne la reprendre que vers 1900, lorsque pointe le mouvement régionaliste, ou même en 1955, au moment de la création des « régions de programme ». Quelques événements importants sont tout de même à signaler parce qu'ils vont, dans une certaine mesure, orienter les futures relations entre les deux régions ou, du moins, entre leurs deux capitales, dans des directions différentes.

La bifurcation économique (1850-1880)

Une bataille du rail gagnée par Dijon, perdue par Besançon

Très importantes pour la suite, sont les batailles du rail que mènent Besançon et Dijon pour certaines liaisons internationales car elles auront des conséquences à la fois dans la vie économique des deux anciennes capitales provinciales et dans l'esprit de leurs habitants. En effet, jusqu'au milieu du XIXe siècle, la population des deux villes est assez comparable et l'avantage appartient même plus souvent à Besançon qu'à Dijon : en 1846 par exemple, Besançon, qui a commencé à s'industrialiser, atteint 40 000 habitants, alors que sa rivale n'en compte encore que 30 000. L'arrivée du chemin de fer va changer la donne.

En effet, à partir du milieu du XIXe siècle en une vingtaine d'années se constitue autour de Dijon une étoile ferroviaire (*doc. 7*) où se croisent des lignes vers Paris, vers Lyon, vers Reims, vers Belfort, vers la Bresse et vers Lausanne : à ce sujet P. Claval parle « d'une convergence inespérée de lignes ferroviaires ». [17] Il faut souligner que, si la compagnie du PLM (Paris-Lyon-Marseille) a choisi finalement un trajet par Dijon, aux dépens d'autres plus

Fonds Bibliothèque Municipale de Dijon

Document 7. Inauguration du chemin de fer de Lyon, section de Tonnerre à Dijon en 1851

méridionaux et plus courts (notamment par Chalon ou par le tracé de l'actuelle ligne TGV), c'est peut-être moins, comme on le dit souvent, le « lobbying » (incontestable) de l'ingénieur dijonnais Darcy que la position de Dijon. La ville est en effet bien située pour être le point-clé « où la ligne vers l'Est (Mulhouse) devait venir rencontrer la grande ligne Paris-Lyon » [3], faisant ainsi espérer, aux milieux d'affaires parisiens, capter par « la ligne Paris-Dijon-Mulhouse, une portion du mouvement des affaires de l'Est » [3] : la « géographie » reprendrait ainsi ses droits sur « l'histoire ».

Toujours est-il que Dijon va doublement bénéficier de son rôle d'étoile ferroviaire. Ville presque sans industrie avant 1820, elle ne commence à s'industrialiser dans l'agroalimentaire et la pharmacie que vers 1840, mais c'est surtout après l'arrivée du chemin de fer que le développement s'accélère. Le nombre des entreprises double sous le Second Empire puis de grandes entreprises s'installent après 1885, comme on le verra plus loin. Selon M. Chevallier, le rail multiplie plus encore les activités tertiaires de la ville : «ouvriers et employés des gares, du dépôt, du triage, (personnels) du négoce, du commerce de détail, de l'administration, de la vie intellectuelle » [59] contribuent fortement à la croissance de la ville.

Pendant ce temps, au contraire, Besançon perd sa bataille du rail. « Carrefour routier très important dès l'époque romaine, la ville pouvait prétendre être une plaque tournante du réseau ferroviaire, lieu du croisement de l'axe Strasbourg-Lyon avec la ligne qui, venant de Paris, gagnerait le cœur de la Suisse, l'Europe centrale et l'Italie ». [71] Or cette ligne évite finalement la ville pour un tracé moins accidenté, par Dole, Mouchard et Pontarlier. Non pas que les Bisontins se soient désintéressés de la question, bien au contraire. Une pétition revêtue de 7 000 signatures reste sans effet, de même qu'un vibrant appel, en partie prophétique, à Napoléon III : « si Besançon n'est pas promptement rattachée au réseau suisse, ce n'est pas sa prospérité future qui est menacée, c'est son existence commerciale actuelle. Besançon est frappée de déchéance au profit de Bâle et de Genève et a pour perspective le déclin et la ruine ». [71] Pour lot de consolation, Besançon reçoit une ligne de second ordre, vers la Suisse (Besançon-le Locle), construite d'ailleurs tardivement (1884), et qui n'assure aucune correspondance commode avec le reste du réseau fédéral : elle sera par la suite plusieurs fois menacée de fermeture et ne devra sa survie qu'à la desserte du camp militaire de Valdahon. Seules les lignes Dijon- Belfort et Lyon-Strasbourg se croiseront finalement à Besançon.

Ces batailles, perdue par l'une, gagnée par l'autre, auront de lourdes conséquences négatives pour l'une, bénéfiques pour l'autre. M. Chevallier, qui fut longtemps professeur de géographie à l'Université de Besançon (comme elle s'appelait alors) écrivait en 1960, « l'échec des Bisontins à l'époque du Second Empire continue à peser lourdement sur la ville ; celle-ci reste pratiquement sans relations ferroviaires avec les centres pourtant tout proches de Bâle, Neuchâtel, Lausanne et Genève ». [59] En outre, le traité de Francfort (1871) rapproche la Franche-Comté de la frontière allemande, ce qui nuit évidemment à son attractivité, et les rivalités douanières du siècle finissant la coupent de la Suisse voisine : la région devient ainsi, selon P. Claval qui a lui-même longtemps enseigné à l'Université de Besançon, « une zone marginale dans un espace national fortement replié sur lui-même, alors que la Bourgogne se trouvait placée sur l'axe de relation le plus fréquenté du pays ». [17]

C'est à cette époque que s'inverse le décalage qui existait entre Besançon et Dijon, au bénéfice de la première. Entre 1881 et 1921, alors que la population de la capitale comtoise reste stationnaire (vers 55 000 habitants), celle de Dijon connaît une poussée ininterrompue qui l'amène vers 100 000 habitants à la veille de la seconde guerre mondiale. Grâce à cette nouvelle domination économique et démographique, les Dijonnais, déjà fiers de leur tradition culturelle, viticole et gastronomique semblent alors accentuer leur complexe de supériorité vis-à-vis de leurs rivaux bisontins et, plus généralement, comtois. Plus concrètement, le contraste entre la marginalité géographique comtoise et la centralité bourguignonne « a sans doute pesé sur l'essor des deux provinces (…). La Franche-Comté s'est trouvée confirmée dans sa vocation technicienne et la Bourgogne dans son orientation commerçante. Les mentalités en portent la trace aujourd'hui ». [17]

Une industrie largement implantée en Franche-Comté, plus ponctuelle en Bourgogne

La Franche-Comté a la réputation, à juste titre, d'être une région industrielle. Dès le XVIIIe siècle, et parfois avant, des hauts-fourneaux, des fonderies, des forges, utilisant le bois des forêts et les minerais de fer locaux s'installent un peu partout, notamment dans le Pays de Montbéliard et le long des vallées (Doubs, Loue) qui fournissent l'énergie hydraulique. Dans la première moitié du XIXe siècle, la Franche-Comté est une des principales régions françaises productrices de fer. Dans la chaîne du Jura, l'horlogerie suisse, née au Locle au XVIIe siècle, se développe au XVIIIe siècle et essaime le long de la frontière française au XIXe siècle, ainsi qu'à Besançon (*doc. 8*) et dans le Pays de Montbéliard. Le Doubs fabrique des montres, le pays de Montbéliard des réveils, le Jura des horloges. Saint-Claude est spécialisée dans le travail du bois (pipe, jouet) et la taille du diamant, Morez dans la lunetterie. Sous le Second Empire, Japy, dans le Pays de Montbéliard fait travailler 5 000 personnes dans l'horlogerie, les ustensiles ménagers, etc. Les Peugeot, meuniers vers 1825, se tournent vers la fonderie de l'acier, puis l'outillage, les baleines de parapluie et de corsets puis, un peu plus tard, la bicyclette et la voiture (*doc. 9*). Des Alsaciens installent des usines textiles dans les Vosges après l'annexion de la province par l'Allemagne en 1871. Vers 1850, 10 000 ouvriers travaillent dans le Pays de Montbéliard et 2 000 dans l'horlogerie à Besançon.

A la fin du XIXe siècle, malgré les difficultés de la métallurgie au bois, concurrencée puis bientôt dépassée par la métallurgie au coke, la Franche-Comté apparaît comme une région où l'industrie est à la fois fortement implantée et répartie sur une grande partie du territoire, en dehors des plateaux de la chaîne du Jura et de Haute-Saône. La réputation de région industrielle, et donc ouvrière et populaire, n'est donc pas usurpée, face à une Bourgogne restée plus agricole et, pour Dijon du moins, plus tertiaire.

L'industrie se présente en effet différemment, en Bourgogne. La métallurgie est ancienne dans la région : les plateaux de Côte-d'Or et de l'Yonne, comme ceux de Haute-Saône et du Doubs en Franche-Comté, ont été, jusque vers le milieu du XIXe siècle, d'importants producteurs de fonte au bois et de fer *(fig. 13)*. Comme en Franche-Comté cependant, la sidérurgie traditionnelle décline, après 1860, devant la concurrence de la fonte au coke et les difficultés de l'approvisionnement en bois, malgré une opération de concentration autour de l'usine de Sainte-Colombe (vers Châtillon-sur-Seine en Côte-d'Or) (*doc. 10*). Cette sidérurgie traditionnelle finalement « périclite sans laisser derrière elle beaucoup de reconversions réussies » [2], en dehors des usines de Montbard, de Sainte-Colombe et de Gueugnon.

J. Boichard, P. Gresser, Guide de Besançon, La Manufacture,1988.

Document 8. Un atelier d'horlogerie à Besançon

Musée Peugeot Montbéliard.

Document 9. Voiture Peugeot Type 3 (1889)

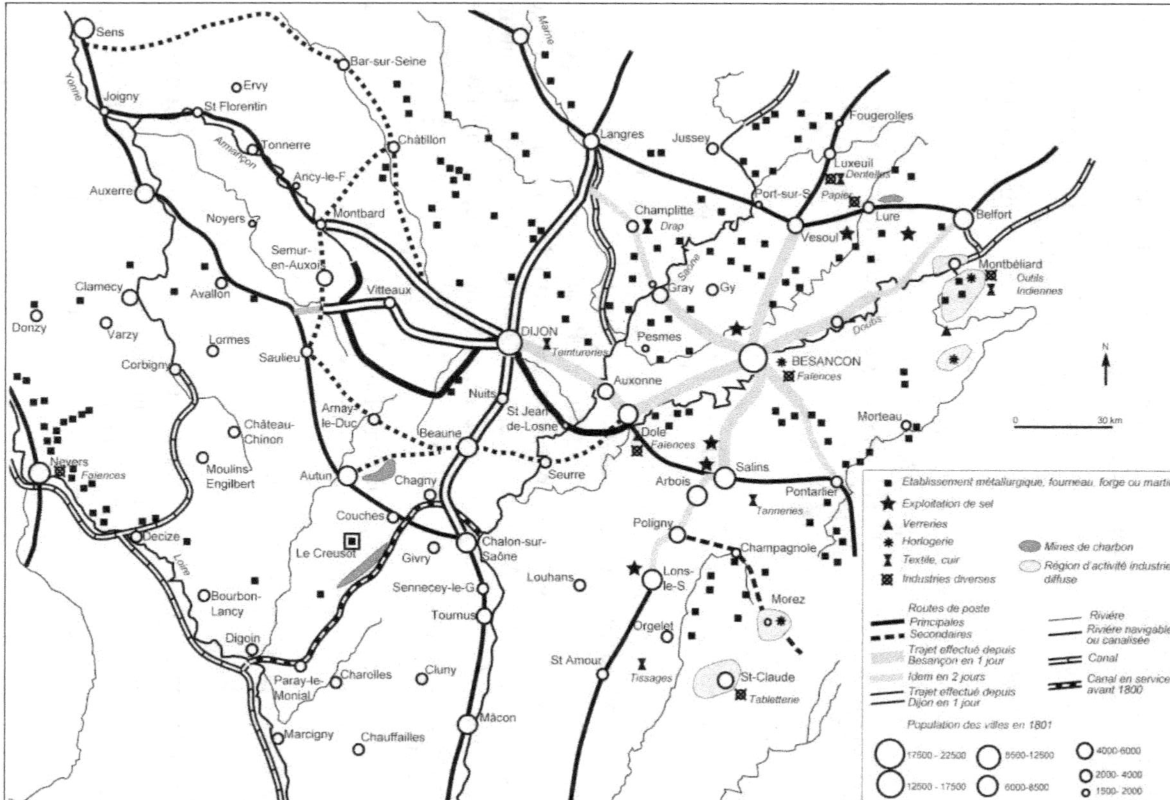

Source : Atlas et Géographie de la Haute-Bourgogne et de la Franche-Comté, Flammarion, 1978

Figure 13. Circulation et industries au début du XIXe siècle

Seuls donnent naissance à de grands établissements métallurgiques, l'axe de la Dheune-Bourbince (Chalon/le Creusot/Montceau-les-Mines) et le Val de Loire. En effet, en Saône-et-Loire, autour du Creusot se développe un important centre métallurgique. En 1744, une mine de houille est découverte à Epinac, qui sera reliée au canal de Bourgogne par voie ferrée en 1835. Vers 1775, des essais de production de fonte au coke ayant réussi, une société par action implante une usine métallurgique au Creusot qui comprend, dès 1787, quatre hauts fourneaux destinés à fournir à la marine des canons, des ancres, etc. Le bassin houiller d'Epinac qui l'alimente est bientôt dépassé par celui de Blanzy, plus proche, et le complexe métallurgique du Creusot est repris, en 1836, par les frères Schneider, appuyés par la banque Seillière. Développée sur place puis à Chalon-sur-Saône, l'entreprise emploie 3 000 salariés en 1864 (*doc. 11*) et la Saône-et-Loire assure à elle seule les deux tiers de la production régionale. En 1900, l'usine du Creusot emploie 14 000 salariés et « se hausse au rang de véritable monument national ». [49] En Val de Loire, les deux grands établissements de Fourchambault et d'Imphy se spécialisent dans les aciers spéciaux et la sidérurgie de précision.

Ces grandes entreprises restent toutefois des exceptions, car ailleurs la Bourgogne se caractérise, même à Dijon, par la prépondérance des petites et moyennes entreprises. En effet, dans l'ancienne capitale régionale « ce n'est qu'à la fin du XIXe siècle qu'apparaissent des firmes dont l'activité a une ampleur nationale » [2] comme la biscuiterie Pernot, fondée en 1869 et redynamisée en 1886, l'entreprise Pétolat (wagons) en 1884, les ateliers Terrot (motos) créés en 1887 et la Manufacture des Tabacs. La plupart des autres industries sont plutôt légères (agroalimentaire, pharmacie) et le fait de petites entreprises. Après la disparition de la métallurgie au bois dans la deuxième moitié du XIXe siècle, l'industrie bourguignonne est donc concentrée essentiellement dans la dépression Dheune-Bourbince, dans quelques sites du Val de Loire méridional (mais qui, excentrés, semblent alors fort peu bourguignons) et à Dijon qui, face à une capitale comtoise très ouvrière, fait tout de même figure de ville très tertiaire.

***

Ainsi, les deux siècles qui vont de l'époque de la réunion des deux régions sous un même pouvoir à la fin du XIXe siècle, ont-ils été essentiels, sinon dans les relations, du moins dans l'évolution respective des deux provinces. Alors que, entre 1678 et 1800, la mise en place de structures administratives semblables, la soumission à un même pouvoir autoritaire et l'amélioration des voies de communication rapprochent les deux provinces, au cours du siècle suivant, la suppression des structures provinciales et leur remplacement par six départements éloignent à nouveau, au moins administrativement, les deux régions. Cet éclatement administratif est renforcé par la bifurcation économique

Richard, Histoire de la Bourgogne, Privat,1988.

Document 10. L'usine de Sainte-Colombe-sur-Seine sous la Restauration

Extrait de G. Bruno, Le tour de la France par deux enfants, 1877, édition du Centenaire, Belin 1977, Paris.

Document 11. Le pilon du Creusot (1875)

qui d'une part, pousse la Franche-Comté vers une économie plutôt industrielle et la Bourgogne vers des activités plutôt agricoles et tertiaires et, d'autre part, place l'une en position marginale dans le territoire national et l'autre en position centrale dans les relations avec la région parisienne, la Méditerranée, la Lorraine, la Suisse et l'Italie. On peut affirmer, à la suite de P. Claval que « les mentalités en portent encore la trace aujourd'hui ». [17]

Régionalisme et projets de régionalisation (1880-1947)

La date de 1880 que j'ai choisie pour évoquer la naissance du régionalisme est évidemment symbolique. En effet, si quelques projets de découpage de la France en régions apparaissent dès le milieu du XIXe siècle, les trois quarts ont vu le jour après 1880. A partir de cette date s'accélère un mouvement de réflexion et parfois de lobbying politique qui s'exprime d'abord dans la création, par J. Charles-Brun, d'une Fédération régionaliste française, puis se concrétise par des esquisses de réalisation pendant la guerre de 1914-1918, ensuite dans l'entre-deux guerres, enfin sous le régime de Vichy.

Les antécédents du régionalisme

Une réaction contre la traditionnelle domination parisienne

La centralisation opérée par la monarchie, que nous avons vue à l'œuvre en Franche-Comté et en Bourgogne, relayée par la Révolution, puis par le Consulat et l'Empire, avait permis à Paris d'imposer, comme le souligne F.G. Dumont « non seulement sa totale prééminence politique, mais aussi sa domination idéologique et culturelle ». [25] Ce même auteur rappelle que la « province » (le mot est du XVIIe siècle), c'est-à-dire tout ce qui est éloigné de la capitale, est méprisé par la cour. Il évoque le mot de Mascarille, dans les *Précieuses ridicules* de Molière : « pour moi, je tiens que, hors de Paris, il n'y a pas de salut pour les honnêtes gens ». Il note également que, plus tard, Stendhal fait une description acerbe de la province et notamment de Besançon, dans *Le Rouge et le Noir*. « Tout ce discours idéologique résume la France à cette dualité Paris-province, deux termes entre lesquels il ne peut y avoir aucun espace de décision et donc pas de régions (...). Le jacobinisme domine les lois, les pratiques comme les idées ». [25]

Ce centralisme est critiqué dès l'Ancien Régime. Diderot, dans l'*Encyclopédie*, vante « la prospérité et l'équité fiscale qui règneraient dans les pays d'Etats », dans lesquels une assemblée consent, au moins en principe, et répartit l'impôt ; il critique au contraire les « abus accablant des pays d'élection où l'impôt est réparti » [25] par l'administration royale. La royauté elle-même avait laissé tenter quelques essais, avec Turgot, Necker puis Lomélie de Brienne qui, par un règlement de 1787, crée partout des assemblées provinciales, réforme qui tournera court avec la Révolution.

Les premiers projets de découpage régional (1850-1870)

Après la Révolution, il faudra attendre 1818 pour qu'un géographe, Omalius d'Halloy, propose de composer de grands départements en regroupant par deux ou trois ceux qui sont issus du découpage révolutionnaire et ce n'est qu'en 1844 qu'il présente un découpage en sept « régions « (terme qu'il serait le premier à avoir utilisé en 1824) : Bourgogne et Franche-Comté font alors partie d'un Pays entre Alpes et Ardennes.

Mais c'est surtout à partir du milieu du XIXe siècle, qu'une réaction monte peu à peu contre le centralisme parisien et que les propositions de découpage se font plus nombreuses. En 1854, le député Cl.M. Raudot propose de diviser la France en 25 régions, formées de département entiers, et portant le nom des anciennes provinces, dont Bourgogne et Franche-Comté. Auguste Comte, philosophe et sociologue, propose la même année un découpage en 17 régions qu'il nomme « intendances » (*fig.14*). Celui qui nous intéresse ici « rattache en bloc les trois départements comtois à Dijon qui, par ailleurs, étend son autorité sur une Bourgogne comprenant la Côte-d'Or, l'Yonne et la Saône-et-Loire ; cette intendance correspond aux actuelles régions de Bourgogne et Franche-Comté, moins la Nièvre, et donne donc une première fois (ce ne sera pas la dernière !) la prééminence à Dijon sur Besançon ; cette proposition n'aura pas de suite car « proposée par un intellectuel sans relais politique ». [44]

Dix ans plus tard, Frédéric le Play, économiste, ingénieur des mines, nommé sénateur par Napoléon III, et qui a par ailleurs beaucoup inspiré le paternalisme, propose 13 « provinces » sur des bases déjà très géographiques « d'une communauté de race (on dirait plutôt aujourd'hui, de culture) et de souvenirs historiques (...), d'analogies liées à la nature des lieux, d'affinités naissant de la division départementale actuelle, de la contiguïté géographique, du climat, des productions agricoles, de l'activité manufacturière et des débouchés commerciaux ». [65] Le découpage de le Play ajouterait encore à l'influence de Dijon dont la région s'augmente de la Haute-Marne (*fig. 15*). Ce projet, qui intéresse l'Empereur, lui-même favorable à une certaine décentralisation, « fait l'objet, à plusieurs reprises, de discussions au plus haut niveau » [44], mais n'aboutira finalement pas. Le Comtois P. Proudhon qui prône une démocratie politique fédérative « propose la constitution de 12 grandes régions provinciales, s'administrant elles-mêmes et se garantissant les unes les autres ». [44] Que faisait-il de sa Franche-Comté et de sa ville natale, Besançon ? A ma connaissance du moins, on ne le sait pas.

Figure 14. Le découpage Auguste Comte (1854)

Un régionalisme flou et multiple

Après la chute du Second Empire, le mouvement régionaliste s'affirme, mais le mot « régionalisme » n'est utilisé pour la première fois qu'en 1874, par un poète provençal du Félibrige, très attaché à la diffusion de la langue d'oc. Plus tard, un député royaliste de Vannes, le marquis d'Estourbeillon « fonde l'Union régionaliste bretonne dont les préoccupations originelles sont culturelles et littéraires ». [25] Mais c'est en 1900 que J. Charles-Brun crée, avec quelques autres, dont Charles Beauquier, un député du Doubs (entre 1880 et 1914) qui s'est beaucoup intéressé au folklore comtois, la Fédération régionaliste française dont le programme réclame « la gestion des affaires de la

Source : J.M. Miossec, "Géohistoire de la régionalisation en France".

Figure 15. Le découpage Le Play (1864)

région par la région » [25] et c'est lui qui, en 1911, publie un ouvrage essentiel : *Le régionalisme*, qui devient la référence du mouvement.

Ce régionalisme semble cependant à la fois flou et multiple. Flou, puisque selon J. Gavoille, ce mot « devient vite à la mode, en raison même de son imprécision » [65] et que dans son ouvrage, Charles-Brun admet lui-même que « la notion reste assez embrouillée » et recouvre « moins un système qu'une méthode et une discipline ». [15] Le député du Doubs, Maurice Ordinaire, pourtant régionaliste lui-même, avoue qu'il ne sait pas la forme que le mouvement devrait prendre. Celui-ci apparaît également multiple, en ce sens que chacun insiste plutôt sur tel ou tel des six objectifs qu'y reconnaît J. Gavoille : dénonciation d'une centralisation excessive, rééquilibrage du territoire par la revitalisation de la province autour de centres administratifs, culturels et économiques attractifs, solide attachement au passé, souci quelque peu démagogique de réaliser des économies, hostilité à l'égard du département jugé trop exigu et arbitrairement dessiné, et donc recherche de circonscriptions administratives plus vastes et polyvalentes.

La critique à l'égard du département est particulièrement virulente. J. Charles-Brun lui-même souligne que « les seuls chefs-lieux de département qui aient des allures de capitales sont précisément les anciennes capitales de province ou les vieilles villes parlementaires : les autres chefs-lieux sont, pour la plupart, restés de gros bourgs » [15] ; et il ajoute, entre autres exemples : « qu'est-ce que Lons-le-Saunier à côté de Besançon ? ». [15] P. Foncin, qui publie en 1903 *Régions et Pays*, estime que « sur 89 départements analysés, 59 sont incohérents à divers degrés ». [44]

Charles-Brun ne désirant pas politiser son mouvement, celui-ci touche des sensibilités politiques très différentes. Certains monarchistes, comme Charles Maurras, nostalgiques des anciennes provinces, veulent un nouveau découpage territorial, d'où les accusations de « passéisme » et de « séparatisme » que lui lancent ses adversaires jacobins ; mais des radicaux-socialistes, comme Ch. Beauquier se disent également régionalistes. La diversité des réponses apportées aux questions posées par le découpage en régions apparaît significative également du manque d'unité du régionalisme. Qui décidera du découpage : le Parlement, le gouvernement ou les populations locales ? Comment sera composée l'Assemblée régionale ? Quelle part du pouvoir sera abandonnée par l'Etat central et sera-t-elle laissée au préfet (décentralisation) ou aux Assemblées régionales (régionalisation) ? Conservera-t-on le département ou pas ? Et surtout, question centrale pour le sujet qui nous intéresse ici, comment découper le territoire national et combien de régions créer ?

A la suite de J. Gavoille, je distinguerai deux types de propositions : celles qui proviennent de personnes privées et celles qui émanent de parlementaires, susceptibles donc de donner lieu à des réalisations concrètes si elles avaient été votées.

Vingt propositions de découpage d'origine privée

Selon J. Charles-Brun, entre 1880 et 1911, une vingtaine de projets de division de la France, provenant de personnes privées, voient le jour. Les circonscriptions proposées se dénomment, selon les auteurs, provinces, intendances, départements puis de plus en plus, « régions ». Ces projets émanent d'économistes, de juristes, de géographes, etc. ; ces derniers s'intéressant alors tout particulièrement aux régions et s'étant naturellement sentis très concernés, je leur ferai une place à part.

Bourgogne/Franche-Comté : éclipses et apparitions

Parmi les 20 propositions qui prévoient un découpage en 20 à 32 régions, 8 seulement « donnent à Besançon un rôle de capitale, et (dans ce cas) les trois départements comtois lui sont attribués, sauf dans un cas où le Jura va à Dijon » [65] ; le Territoire de Belfort, apparu après 1871, se trouve dans les deux tiers des cas rattaché à la Franche-Comté, dans le tiers restant à la Lorraine, l'Alsace n'étant plus française. J. Charles-Brun lui-même reconstitue bien une Franche-Comté, mais uniquement avec les trois départements traditionnels, le Territoire de Belfort allant à une Lorraine qui s'étire jusqu'aux Ardennes (*fig. 16*).

La Bourgogne correspond généralement à la région actuelle, à l'exception de la Nièvre intégrée dans 9 cas sur 10 à une région organisée autour de Bourges, incluant également l'Allier, le Cher et l'Indre, en somme une région que les Nivernais appelleront de leurs vœux dans l'après-guerre... Toutefois, « seuls les départements de Côte-d'Or et de Saône-et-Loire font partie de la Bourgogne dans tous les projets » [65] ; en cas d'annexion de la Franche-Comté, l'Yonne échappe à la région dans la moitié des propositions. En outre, si certains projets envisagent le rattachement à la Bourgogne du Jura (1 fois), de la Haute-Marne (2 fois) et de l'Ain (3 fois), cela ne compense généralement pas, pour la région, la perte des départements de l'ouest.

En somme, chaque fois qu'il est prévu une grande région, Besançon perd son rang de capitale au profit de Dijon et la Franche-Comté y est généralement intégrée dans son entier. Toutefois, lorsque Dijon est à la tête d'une grande Bourgogne, celle-ci perd tout ou partie de ses départements occidentaux. Dans quasiment tous les cas, Dijon reste capitale, alors que Besançon ne l'est que lorsqu'une Franche-Comté existe. On retrouve donc ici certains caractères fondamentaux des deux régions : une Franche-Comté cohérente mais dont la petite taille lui coûte souvent une intégration à sa voisine et la perte de la capitale ; une Bourgogne dominatrice mais dont la fragilité lui vaut une géométrie très variable. Ce que confirment les propositions des géographes.

Figure 16. Le découpage Charles-Brun (1911)

Des géographes en désaccord sur le découpage régional

En 1898, un géographe régionaliste, P. Foncin, propose un découpage en 29 régions, ce qui lui permet de reconnaître l'existence d'une région jurassienne ou Franche-Comté avec ses trois départements traditionnels et sa capitale Besançon (*fig. 17*). La Bourgogne, quant à elle, s'étend sur la Côte-d'Or, la Saône-et-Loire et l'Ain. Très opposé aux départements, P. Foncin n'en respecte pas moins les contours. Ses propositions auront un certain impact, car reprises par le député Lanjuinais dont il sera question plus loin.

Figure 17. Le découpage Foncin (1898)

Plus connu du grand public, notamment par ses cartes murales qui ornaient les écoles primaires, Vidal de la Blache est particulièrement intéressé par la notion de région. Il rompt en effet avec une géographie traditionnelle qui étudiait la France par départements et fonde la géographie dite « classique » sur une étude des régions, territoires dotés d'une certaine unité physique ou historique ou humaine et économique. En 1903, son *Tableau de la géographie de la France* découpe le pays en neuf grandes régions, sous-divisées elles-mêmes, et qui tiennent essentiellement compte des caractères physiques du territoire : le relief lui permet de distinguer, par exemple, le Massif central et les Alpes, le climat, le Midi méditerranéen ; grâce à l'hydrographie il reconnaît un sillon de la Saône et du Rhône, une région rhénane, un Bassin parisien. [51] Son découpage intègre parfois l'originalité historique de certaines régions comme la Lorraine, les

Flandres, l'Alsace, l'Auvergne, le Limousin, la Provence, la Bretagne et la Bourgogne, mais curieusement pas la Franche-Comté, une des plus anciennes provinces de France.

De la Bourgogne, à laquelle il attribue la Haute-Marne, la Côte-d'Or et une petite moitié de la Saône-et-Loire, Vidal de la Blache écrit que c'est « au plus haut degré une contrée politique, placée sur les routes de l'Europe ». [51] Il s'intéresse donc surtout aux passages : porte de Bourgogne (appelée porte d'Alsace aujourd'hui), seuil de Bourgogne (entre Vosges et Morvan), passage entre Lorraine et Bourgogne (par la Vôge), sans que l'on sache très bien, dans son texte du moins, où s'arrête cette Bourgogne ; « ouverte en directions différentes, écrit-il, elle est largement associée à ce qui l'entoure ». [51] Ce qui est certain, c'est que la Nièvre et l'Yonne, incluses dans la partie méridionale du Bassin parisien, n'en font pas partie.

Quant à la Franche-Comté, vieille région historique s'il en est, Vidal de la Blache ne la reconnaît pas en tant que telle. Elle fait partie, comme la Bourgogne, du Sillon de la Saône et du Rhône mais la sous-région dans laquelle elle est incluse comprend également une partie de la Saône-et-Loire, une moitié de l'Ain et le département du Rhône. Dans le texte même, la Franche-Comté n'existe pas : la chaîne du Jura est traitée à part, son rebord (vallée du Doubs, Vignoble) est étudié avec la Bourgogne, de même que le pied des Vosges (Lure, Luxeuil) ; on ne sait où l'auteur place les plateaux de Haute-Saône.

En 1910, lorsque Vidal de la Blache s'intéresse de plus près à la question régionale alors en débat, il publie un article intitulé *Les régions françaises,* provenant d'une commande d'Aristide Briand, alors Président du Conseil. Il y critique d'abord le cadre trop étroit du département et l'excessive centralisation parisienne ; il affirme que, en France, « on a oublié d'organiser la vie régionale ». [25] Puis il définit un tout autre découpage que celui du *Tableau de la géographie de la France*. Ses nouvelles régions, auxquelles il propose de donner des assemblées élues, sont basées sur les habitudes sociales des habitants, sur les nouveaux besoins économiques et surtout sur les zones d'influence de « certaines grandes villes de province, lieux de concentration économique et dotées de bons moyens de communication ». Dijon fait partie, selon lui, de ces grandes villes de province, mais pas sa rivale comtoise, désormais dépassée en population et mal dotée en moyens de communication. La Franche-Comté, qu'il avait déjà malmenée dans son *Tableau* n'apparaît donc pas parmi les 17 régions proposées (*fig. 18*). Les quatre départements comtois sont purement et simplement rattachés à une Bourgogne réduite à la Côte-d'Or (amputée d'ailleurs des arrondissements de Châtillon-sur-Seine et Semur

Figure 18. Le découpage Vidal de la Blache (1910)

annexés à la région parisienne), et à la Saône-et-Loire, elle-même diminuée de l'arrondissement de Charolles qui va à la région de Bourges : selon J.M. Miossec, « Dijon tourne le dos à la Nièvre, à l'Yonne et à l'Aube, pour s'ouvrir à la Franche-Comté » [44], les Comtois diraient plutôt pour l'annexer…

D'autres grands noms de la géographie (E. de Martonne) et de l'histoire (H. Hauser) de l'époque font également l'impasse sur la Franche-Comté. En revanche, en 1926, Jean Brunhes, un autre géographe moins connu, tout en adoptant les critères vidaliens des zones d'influence des grandes villes, constate que Dijon et Besançon disposent de zones d'influence « qui correspondent assez exactement aux anciennes provinces, le Duché et le Comté (et que) les relations avec l'Alsace par la Trouée de Belfort et les relations avec la Suisse donnent à toute l'activité rurale et urbaine de la Franche-Comté et de sa capitale un caractère qui légitimera toujours une utile indépendance administrative ». [65]

Dix-sept propositions d'origine parlementaire

De leur côté, les parlementaires se sont beaucoup intéressés à la question puisque, au total, 17 propositions de découpage régional ont été déposées sur le bureau de l'assemblée entre 1890 et 1923, plusieurs l'ayant été par les mêmes députés, dont 4 par Beauquier et autant par Hennessy. J. Gavoille, que je suivrai encore ici, en a étudié plus précisément six. [65]

Six propositions plus particulièrement intéressantes

En 1890, le député Hovelacque présente une proposition de loi destinée à découper la France en 18 régions, qui doivent atteindre au moins 2 millions d'habitants, afin de les rendre capables d'indépendance vis-à-vis de Paris : les Conseils Généraux élus qui administreraient ces grandes régions seraient dotés d'une large autonomie. Dans ces conditions, non seulement il ne peut y avoir une Franche-Comté (elle compte moins de 1 million d'habitants) mais encore la région est-elle démantelée : en partie naturellement au profit de la Bourgogne à laquelle on annexe le Jura, mais également en faveur de la Lorraine qui, outre la Meurthe-et-Moselle, la Meuse et les Vosges reçoit le reste de la Franche-Comté.

En 1895, des députés en majorité monarchistes, emmenés par le comte de Lanjuinais, proposent, dans le but officiel de faire des économies, un découpage un peu nostalgique en 23 régions, qui reconstitueraient plus ou moins les anciens pays d'Etats et les anciens pays d'élection. La Franche-Comté, dirigée par Besançon, est pour une fois avantagée puisqu'elle inclut, outre ses départements traditionnels, les Vosges. La Bourgogne, dont la capitale est bien évidemment Dijon, comprend les départements actuels, moins la Nièvre. La même année, la proposition du radical Cornudet, plus étonnante, propose « des syndicats de départements », destinés à affaiblir ces derniers (le préfet est remplacé par un Secrétaire Général) et qui, surtout, doivent être découpés en fonction des voies de communications et plus ou moins calqués sur les régions militaires (pense-t-il à la revanche ?). Pour une fois, Dijon perd son avantage au bénéfice de Bourges, chef-lieu de la VIIIe région militaire qui devient capitale, et même de Besançon qui prend la tête d'une Franche-Comté traditionnelle augmentée de la Haute-Marne.

En 1898, le député Lanjuinais fait une nouvelle proposition, à partir cette fois du découpage de P. Foncin dont il a été question plus haut ; elle divise la France en 32 régions et supprime les départements, tout en gardant d'ailleurs leurs frontières ; la Franche-Comté existe donc dans son intégralité, ainsi que la Bourgogne, mais celle-ci étirée de la Côte-d'Or à l'Ain. Hennessy, négociant en cognac et créateur d'une Ligue professionnelle et d'action régionaliste, fortement influencé par Vidal de la Blache, dépose plusieurs projets ; il propose la suppression des départements et la mise en place d'assemblées régionales, élues au suffrage universel sur une base professionnelle, et de Conseils économiques et sociaux dont l'idée sera retenue un peu plus tard ; ses régions étant, comme celles de Vidal, formées autour des grands centres urbains, il annexe les départements comtois à la Côte-d'Or et à la Saône-et-Loire, Dijon étant évidemment érigée en capitale.

Le député du Doubs, Beauquier, particulièrement actif, ne présente pas moins de quatre propositions entre 1890 et 1910. Celle de 1902, plus précisément analysée par J. Gavoille et particulièrement novatrice, propose de prendre en compte, pour le découpage, la force d'attraction des villes (et donc les facilités de communication), ainsi que « les directions de la vie économique et les habitudes administratives ». [65] Il retient 25 capitales régionales « exerçant une incontestable influence d'attraction sur le pays qui les entoure » [65], dont cette fois Dijon et Besançon. Le député n'hésite pas non plus à proposer un démembrement des départements et à faire porter aux régions un simple numéro. La Franche-Comté traditionnelle est donc conservée (y compris le Territoire de Belfort), sauf l'arrondissement de Dole, rattaché à la région de Dijon. Si cette dernière comprend la Côte-d'Or entière, le reste est formé de dépouilles d'autres départements : le sud de la Haute-Marne (le reliquat va à la région de Troyes), le sud de l'Yonne (idem), l'est de la Nièvre (l'ouest est intégré à la région de Bourges), le nord de la Saône-et-Loire (le sud passe à la région de Lyon) et donc l'arrondissement de Dole.

Mais aucune proposition n'aboutit !

L'année 1910 faillit voir aboutir une première régionalisation. En effet, l'idée régionaliste a fini par gagner de nombreux politiques. La Chambre des députés y est majoritairement favorable et A. Briand lui-même prône « l'établissement de groupements régionaux, avec des assemblées correspondantes ».[44] Toutefois, cette proposition apparaissant comme plus électoraliste que régionaliste (il s'agit surtout, semble-t-il, de remplacer le scrutin d'arrondissement par une représentation proportionnelle régionale) et la menace de la guerre nécessitant de serrer les rangs, la proposition n'est pas soumise à l'assemblée : la régionalisation devra donc attendre un demi-siècle avant de recevoir un début de réalisation.

Ainsi, finalement, aucune de ces propositions parlementaires n'aura été votée. Une première raison, évidente, tient à leur diversité, aussi bien en terme de découpage des nouvelles circonscriptions, que d'organisation administrative des régions et de types de pouvoirs conférés aux assemblées représentatives. Une deuxième raison, tout aussi essentielle, tient aux vives réactions des parlementaires d'esprit jacobin, attachés à la « République une et indivisible », qui voient dans le régionalisme un retour au fédéralisme ou même à l'Ancien Régime, retour d'autant plus dangereux que la menace d'une guerre avec l'Allemagne nécessite la convergence des forces vives de la nation. Enfin, « le régionalisme comme la décentralisation n'ont aucune chance, dans la mesure où ils sont prônés par d'étroites élites de gauche comme de droite, de droite surtout, sans véritable soutien populaire ». [65] Il s'agit souvent d'ailleurs d'un argument d'opposition, comme l'admet le député Beauquier lui-même : « j'ai été partisan de cette réforme (la décentralisation) avec les Républicains ; j'en étais parce qu'alors nous étions en minorité ; mais maintenant que nous sommes en majorité, nous serions niais de l'approuver ». Sans commentaire !

Les premières esquisses de réalisation

La guerre renforce la centralisation et le poids économique de Paris mais voit paradoxalement, au nom de l'efficacité, s'établir une certaine déconcentration.

Les Comités consultatifs d'action économique (1915)

En 1915, pour mieux soutenir l'effort de guerre, Hennessy revient à une de ses idées et propose la création de Comités consultatifs d'action économique « dont le rôle est de veiller au maintien des activités, au bon emploi de la main-d'œuvre et à l'utilisation rationnelle des transports et des ressources locales ». [65] La même année, un décret crée 20 de ces Comités, dans le cadre des régions militaires. Non élus, ils comprennent à la fois des militaires, des fonctionnaires préfectoraux et des représentants des activités économiques ; ils sont assistés dans chaque département par des sous-comités. Bien que ces Comités expriment plutôt une déconcentration du pouvoir central qu'une véritable décentralisation, la Commission de l'administration de la Chambre des députés y voit « l'assemblée régionale de demain » dans laquelle les membres ne seraient plus nommés mais élus.

Dans le Comité consultatif d'action économique correspondant à la VIIe Région militaire entrent des délégués des départements comtois traditionnels (sauf l'ouest de la Haute-Saône), plus Belfort et l'Ain. Besançon, chef-lieu de la VIIe Région militaire, se voit ainsi dotée d'un rôle de direction économique ; Dijon est, cette fois, dépouillée au bénéfice de Bourges, chef-lieu de la VIIIe région militaire : Besançon prend ainsi le pas sur Dijon !

Les Groupements économiques régionaux Clémentel (1917)

En 1917, E. Clémentel, Ministre du Commerce et de l'Industrie séduit par les thèses régionalistes, « veut pérenniser les Comités consultatifs et préparer un régionalisme pour l'après-guerre ». [44] Il publie un projet de *Nouvelle organisation de la France, sur la base de régions économiques en s'appuyant sur les études de M. Vidal de la Blache*, auquel a travaillé également son conseiller, l'historien H. Hauser. Par cette simple circulaire (qui évite de passer par un vote à la Chambre), il incite les Chambres de commerce à se regrouper en créant des Groupements économiques régionaux destinés à l'information et à l'action économique. Il propose lui-même un découpage en 17 régions, dans laquelle celle qui porte le numéro 12 regroupe, sous la houlette de la Chambre de commerce de Dijon, outre la Saône-et-Loire et l'Yonne, les départements comtois… Le Territoire de Belfort est, quant à lui, rattaché à une vaste Lorraine, dirigée de Nancy, et qui inclut la Champagne-Ardenne actuelle (*fig. 19*).

Cette décision suscite un beau tollé en Franche-Comté et surtout à Besançon où des notables se réunissent en octobre 1917 pour discuter et défendre la cause comtoise. Le journal local, le *Petit Comtois* écrit : « sans être particulariste, il est permis de défendre la Franche-Comté contre un rattachement que n'indiquent ni les raisons historiques, géographiques, touristiques et industrielles, ni les affinités de race ». [71] Les choses ne sont cependant pas si simples, côté comtois. H. Hauser, qui accompagne le ministre Clémentel à Besançon, écrit que cette ville « essaie de grouper autour d'elle les Chambres de commerce de l'ancienne Comté et celle de Belfort pour créer une région voisine (de la Bourgogne). Mais ni Lons-le-Saunier, préoccupée avant tout par ses relations avec la grande voie fluviale, ni Gray ne voulaient la suivre dans cette sécession, et Belfort se réserve pour une future région d'Alsace. Besançon risquait de se trouver isolée ». [65] J. Gavoille, qui cite ce texte, ajoute que « Hauser aurait pu mentionner la défection acquise de Lure au bénéfice de Nancy ». [65] La déception pour les Bisontins est d'autant plus grande qu'ils avaient réussi, en 1917, à réunir les Syndicats d'Initiatives (touristiques) de la région dans une Fédération de Franche-Comté, y compris Belfort, l'une des premières de ce type en France.

« Les Comtois veulent rester comtois ! »

Après la guerre, la polémique reprend en Franche-Comté sur les régions Clémentel. En 1920, la revue fédéraliste *Franche-Comté et Monts Jura,* fondée la même année, signale qu'une brochure, publiée à Besançon et qui a un certain retentissement, demande : « voulez-vous rester Comtois ou devenir Bourguignons ? » La revue, pour sa part, répond bien haut : « nous voulons rester Francs-Comtois » *(doc. 12) ;* sur un mode sarcastique, elle poursuit « nos constructeurs d'automobiles n'emploient pas de pain d'épices pour la fabrication de leurs moteurs et nos fabricants d'horlogerie ne mettent pas de moutarde dans leurs boîtes de montres … ». [71]

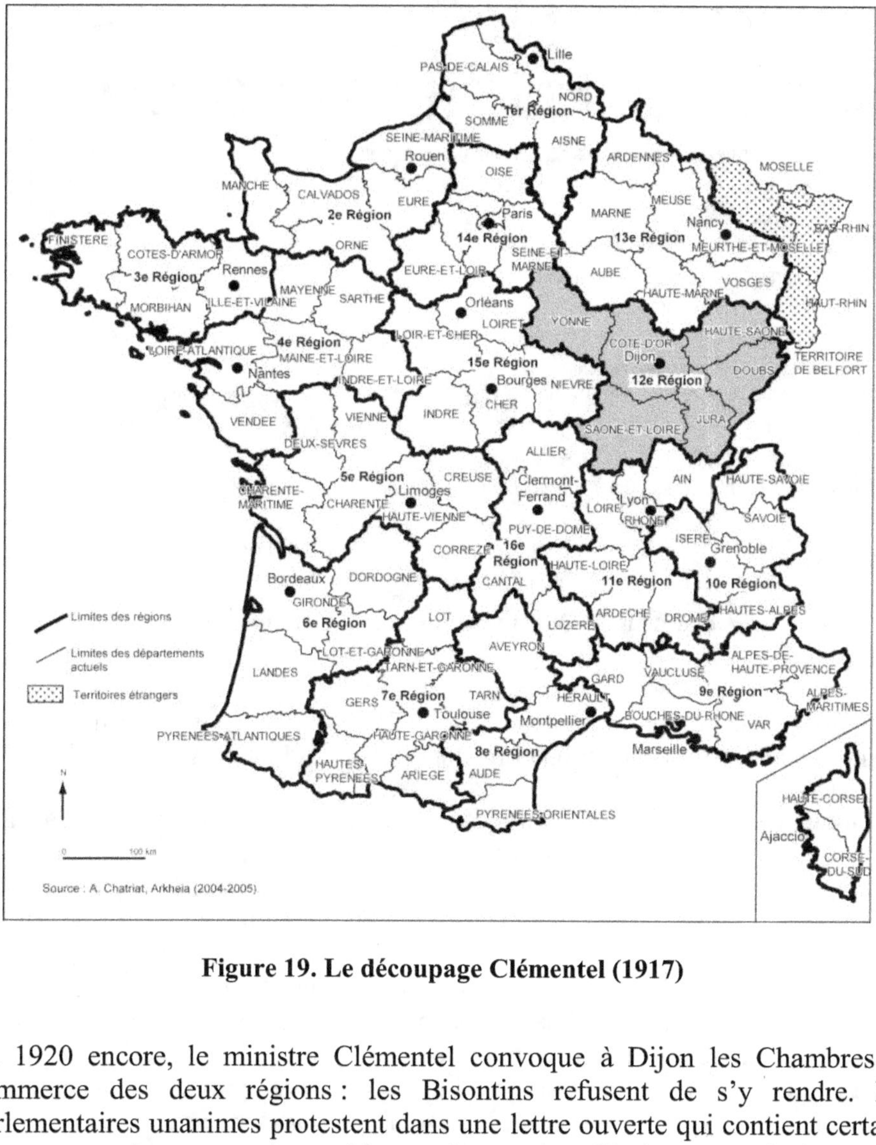

Figure 19. Le découpage Clémentel (1917)

En 1920 encore, le ministre Clémentel convoque à Dijon les Chambres de commerce des deux régions : les Bisontins refusent de s'y rendre. Les parlementaires unanimes protestent dans une lettre ouverte qui contient certains arguments qui nous paraissent bien curieux aujourd'hui : « nous insistons sur les caractères ethniques de la race franc-comtoise qui sont peu assimilables et nos populations désirent les conserver jalousement en maintenant leur autonomie » [71] D'autres arguments paraissent plus sérieux : « si l'extension de Dijon se produisait du côté de l'Est nous en aurions senti l'effet dans une participation quelconque aux entreprises industrielles et au mouvement économique de la Franche-Comté ». [71] Enfin, le Président du Conseil Général du Doubs, le marquis de Moustier, utilise un argument historique intéressant : « lorsque la Franche-Comté a appartenu (...) aux ducs de Bourgogne (ceux-ci) ont alors fait des efforts considérables pendant plus de deux siècles pour établir

Franche-Comté et Monts Jura

NOUS VOULONS RESTER FRANC-COMTOIS

Voulez-vous rester Francs-Comtois ou devenir Bourguignons ? Telle est la question que posait une brochure publiée il y a quelques semaines à Besançon et qui a eu un certain retentissement.
La réponse est bien simple :
Nous voulons rester Francs-Comtois.
Et nous dirons nos raisons. Mais auparavant rappelons pourquoi on nous demande de choisir entre la Franche-Comté et la Bourgogne.
Pour arriver à la décentralisation administrative on veut supprimer le cadre étroit du département et diviser la France en régions économiques.
Le projet Clémentel, qui date de 1917, prévoit 17 régions. La Franche-Comté figurerait dans la 12e région qui serait constituée par les départements suivants : Yvonne, Côte d'Or, Saône-et-Loire, Haute Saône, Doubs, Jura. La capitale de la région serait Dijon.
Dès qu'il fut connu ce projet suscita de nombreuses protestations.

Début de l'article publié par la revue "Franche-Comté et Monts-Jura (numéro octobre 1920) plaidoyer vibrant en faveur de la Franche-Comté.

Document 12. Nous voulons rester Comtois (1920)

leur autorité sur la région comtoise. Cependant, ils n'ont jamais pensé la faire dépendre du Parlement de Dijon et ils ont créé un Parlement à Dole ». [71]

Les Groupements Clémentel, dont il faut préciser qu'ils n'ont « ni responsabilité civile, ni budget sérieux, ni pouvoir réel, ni stabilité dans leurs limites » [65] continuent tout de même leur chemin. Besançon cherche à s'échapper du côté de l'Alsace, où Mulhouse mène une bataille identique à la sienne contre Strasbourg. En 1927, après de longues tractations, un vingtième Groupement voit le jour où entrent, à côté de la Chambre de commerce de Besançon, celles de Belfort, Mulhouse et Colmar, ainsi que celle de Gray-Vesoul qui choisit quant à elle « un rattachement secondaire, aux implications financières légères » [65], car une pluri-adhésion est possible. Dans cette nouvelle configuration, Besançon est très excentrée, ce qui n'est pas capital car ce Groupement sera finalement peu actif, comme les autres Comités consultatifs d'ailleurs.

Après Clémentel, le mouvement régionaliste s'essouffle et la proposition Bellet de1923, « clôt la grande époque du régionalisme parlementaire ». [65] Refusant le corporatisme de Hennessy, il veut un « régionalisme fonctionnel », basé sur des critères économiques. Bien que le rapport propose 29 régions qui porteront le nom de leur capitale, Dijon est retenue, mais pas Besançon, par manque d'attractivité semble-t-il, puisqu'il faut qu'une capitale groupe autour d'elle au moins deux ou trois départements et un million d'habitants. J. Gavoille en conclut que la plupart de ces choix « comportent implicitement des jugements négatifs sur Besançon ». [65]

Une fois encore cette proposition ne sera pas retenue, mais l'effervescence régionaliste n'aura pas été totalement inutile car le cabinet Poincaré, outre la suppression d'une centaine d'arrondissements commence, en 1926, à régionaliser l'administration. Des Conseils de préfecture interdépartementaux sont créés pour tenter d'harmoniser l'action de l'Etat dans les régions. Comme ce découpage compte 22 Conseils, la Franche-Comté et sa capitale retrouvent leur place, Dijon étant à la tête d'une Bourgogne qui inclut la Côte-d'Or, la Nièvre et l'Yonne mais qui perd la Saône-et-Loire et gagne la Haute-Marne (*fig. 20*). D'autres regroupements administratifs vont avoir lieu, mais sur des découpages presque tous différents au point que la France est partagée, dans l'avant-guerre, en « 11 régions d'inspection du travail, 25 régions judiciaires, 16 régions minéralogiques, 18 régions d'armement, 15 régions académiques, etc. ». [60]

Les régions économiques Gentin (1938)

Au moment de la crise politique de 1934 et des projets de réforme de l'Etat, le thème du cadre régional et du pouvoir économique revient à la mode. En 1938, le ministre du commerce Gentin donne, par un décret-loi, un fondement légal aux Groupements économiques régionaux. Ceux-ci deviennent des établissements publics dotés d'une personnalité civile et d'un comité régional chargé de les administrer ; les cotisations des Chambres de commerce à leur région de rattachement sont désormais obligatoires, tout en restant faibles. Un nouveau découpage, en 19 régions économiques cette fois (les « régions Gentin ») est publié (*fig. 21*) : la 16e comprend les Chambres de commerce de Besançon, Gray-Vesoul, Lure, Belfort, Mulhouse, Colmar et Strasbourg ! Si le centre administratif n'est pas désigné, on voit bien que Besançon n'a aucune chance de devenir la capitale de cette région très allongée ; d'autant que la Chambre de commerce de Lons-le-Saunier s'échappe vers « une petite Bourgogne formée de Dijon, Beaune, Chalon et Mâcon ». [65]

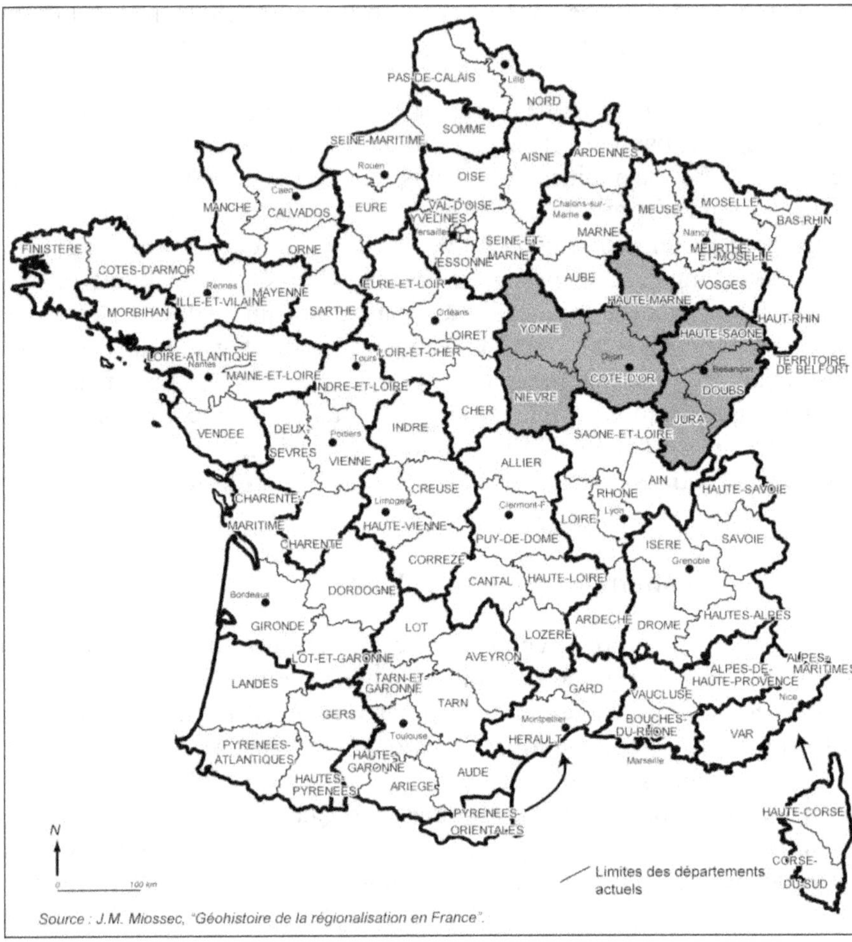

Source : J.M. Miossec, "Géohistoire de la régionalisation en France".

Figure 20. Le découpage Poincaré (1926)

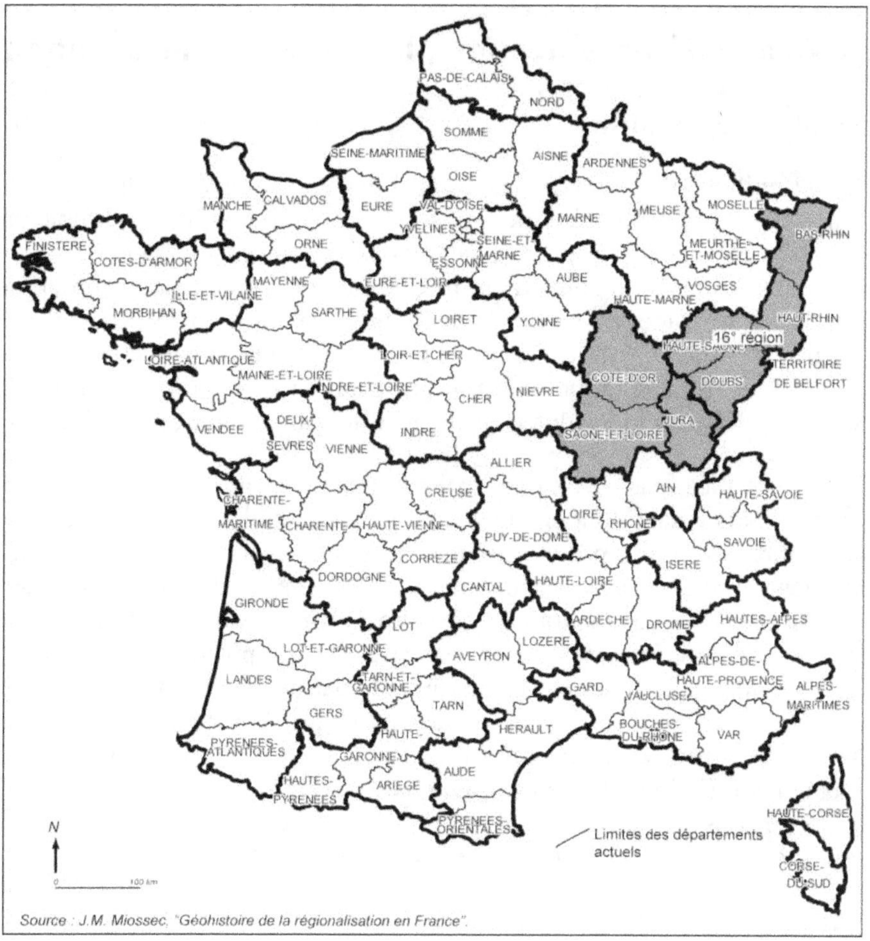

Figure 21. Le découpage Gentin (1938)

Sous Vichy : déconcentration plutôt que décentralisation

Des idées régionalistes

Dés le 11 juillet 1940, Pétain, au nom d'une condamnation du centralisme jacobin de la IIIe République, pose le principe d'une administration « concentrée et décentralisée », les « grandes provinces françaises » recevant pour chacune d'elles un « gouverneur ». [60] Cette idée renvoie à une brochure de Charles Maurras, leader monarchiste de la droite, publiée en 1898. Pétain, dans les débuts de Vichy, est en effet entouré de maurassiens et par ailleurs J. Charles-Brun, proche du pouvoir, lui présente deux rapports où il expose, en particulier, l'idée de régions dotées chacune d'une assemblée et d'un budget.

Cette dernière idée, pas assez pragmatique dans le contexte de l'époque, n'est pas retenue mais Pétain, tout en annonçant le maintien du département, présente en novembre 1940 un projet de provinces qui regrouperaient cinq à six départements, ceux-ci conservant chacun leur préfet. Dans l'entourage du Maréchal, une scission apparaît alors entre une position pragmatique, tenant compte des réalités économiques du moment et une position plus historique, sinon folklorique. Une commission du monde parlementaire et économique est mise en place pour proposer un projet de découpage. Elle aboutit à une division en 20 provinces, dotées d'un préfet régional qui « a plein pouvoir de décision sur toutes les questions d'intérêt provincial (...), et qui coordonne et contrôle l'activité de tous les services publics » [70] ; celui-ci est assisté d'un Conseil provincial aux pouvoirs politiques et économiques limités.

Dans ce nouveau découpage, la Franche-Comté disparaît une fois de plus, alors qu'il était au départ question de revigorer les anciennes provinces. Elle est absorbée tout entière (y compris le Territoire de Belfort) dans une région qui comprend également la Bourgogne actuelle, mais sans la Nièvre (rattachée à une région Berry-Bourbonnais et Nivernais, capitale Bourges), sans la partie méridionale de la Saône-et-Loire (au sud de la ligne de démarcation), et sans la partie occidentale de l'Yonne, rattachée à l'Ile-de-France (*fig. 22*) : une fois de plus Dijon règne, mais sur une Bourgogne croupion... Quoi qu'il en soit, devant les difficultés pratiques, un projet de loi issu des travaux de cette commission est ajourné en décembre 1941. D'ailleurs, avant même que la commission ne se réunisse, le gouvernement de Vichy avait anticipé sa propre organisation.

Figure 22. Le découpage de la Commission des provinces de Vichy (1941)

Mais des réalisations modestes !

En effet, dès avril 1941, le gouvernement instaure « un échelon régional, intermédiaire entre le gouvernement et les départements, et qui constituera un centre coordinateur à la fois pour l'information du Gouvernement, le règlement sur place de certaines affaires et l'exécution des directives gouvernementales ».[44] Au lieu de gouverneurs, ce sont des préfets régionaux qui sont mis en place, avec des pouvoirs spéciaux en matière de police et d'économie. Il s'agit donc plus d'une déconcentration des pouvoirs centraux (certains pouvoirs de décision sont donnés aux agents répartis sur le territoire) que d'une régionalisation, c'est-à-dire d'un transfert aux régions de larges compétences qui appartenaient au pouvoir central. La préfecture régionale de

Dijon inclut une nouvelle fois la Franche-Comté entière, sauf le sud du Jura, en zone libre (réuni à la région lyonnaise), et la Bourgogne entière, y compris cette fois la Nièvre et même le nord de l'Allier, mais sans le sud de la Saône-et-Loire (en zone libre, rattaché à Lyon) (*fig. 23*). La chute de Vichy amène la fin de cette réforme administrative.

***

Les pages précédentes amènent deux séries de remarques, l'une générale, l'autre plus particulière à la Bourgogne et à la Franche-Comté. Les tentatives régionalistes de la période 1880-1947, pourtant bien timides, ont donc toutes échoué ou presque, si l'on excepte les modestes avancées acquises par Clémentel et Gentin. Outre la diversité des propositions régionalistes et leur utilisation politique sinon politicarde (voir le cynique aveu du député Beauquier), l'échec tient fondamentalement à la force du sentiment jacobin en France qui se confond avec les acquis de la Révolution. Les tentatives de régionalisation sont donc dès l'abord frappées du sceau d'une tentative de retour à l'Ancien Régime et au particularisme provincial.

Pour ce qui est des régions qui nous intéressent, on remarquera la robustesse territoriale de la Franche-Comté : qu'elle soit autonome ou rattachée à la Bourgogne, on la retrouve presque toujours tout entière, à de rares exceptions près comme le rattachement du Territoire de Belfort à l'Alsace ou du Jura à la Bourgogne. A contrario, la géométrie variable de la Bourgogne confirme ce qu'a pu en dire un historien local « la Bourgogne a un centre, mais point de frontière ». [16] En effet, sentant ses ailes occidentales (Yonne, Nièvre) lui échapper plus ou moins, le cœur de la région (Côte-d'Or et Saône-et-Loire en partie) regarde tout naturellement vers l'est, vers cette Franche-Comté, relativement proche de Dijon, à laquelle des liens historiques la rattachent. En fonction des critères retenus par les auteurs de découpages on voit donc s'organiser, autour de ce cœur, un kaléidoscope de départements agrégeant, soit l'ensemble des deux régions actuelles, ce qui n'est pas le cas le plus fréquent, soit uniquement la Franche-Comté, soit d'autres configurations où interviennent, selon les cas, l'Yonne, la Nièvre, parfois la Haute-Marne ou l'Ain.

Enfin, on remarque que les élites parisiennes, qu'elles soient politiques ou non, ont tendance à poser d'abord une capitale, Dijon, plus proche de Paris et plus peuplée que Besançon, et à l'entourer ensuite de départements situés plutôt à l'est, car elles considèrent que l'Yonne regarde, au moins en partie, vers Paris et que la Nièvre est tournée vers le Centre. D'où les craintes, fondées, des Comtois concernant une « annexion » de leur région, territorialement solide, à cette Bourgogne éclatée qui compte sur eux pour mettre un corps, autour de son cœur.

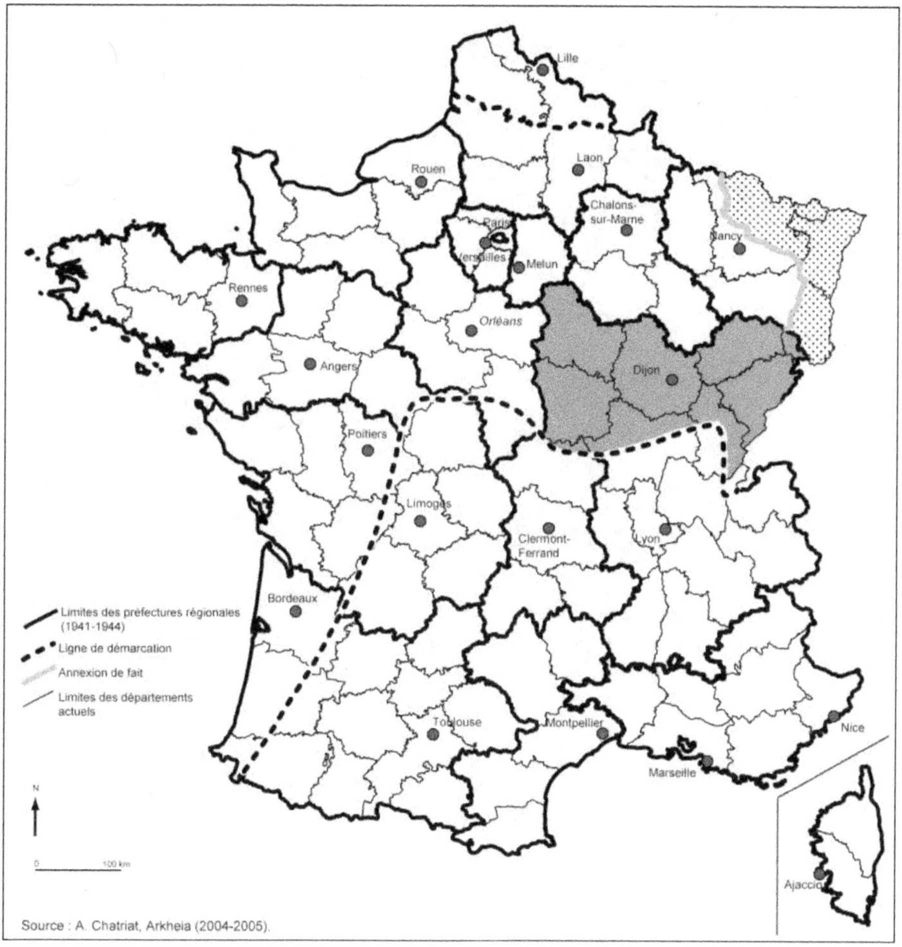

Figure 23. Les préfectures régionales de Vichy (1941)

La régionalisation en marche : Bourgogne et Franche-Comté s'ignorent (1947-1990)

Dans l'après-guerre, ou même pendant la guerre, les quelques réalisations du gouvernement de Vichy en matière de déconcentration (plutôt que de régionalisation) ne sont pas complètement oubliées. En effet, pendant la guerre, la Résistance calque son organisation sur celle des préfectures régionales de Vichy et, à la Libération, celles-ci deviennent les circonscriptions des Commissaires de la République qui administrent les régions au fur et à mesure de la libération du territoire. Toutefois, comme l'écrit *A. Chatriot* : « l'ambiguïté du discours régionaliste de Vichy entache alors pour quelques décennies toute nouvelle tentative de lutte contre un Etat toujours vu comme jacobin ». [60] Les Commissaires de la République sont supprimés dès 1946 et la constitution votée la même année ne reconnaît que deux collectivités territoriales, la commune et le département. Leurs seuls descendants seront les superpréfets instaurés en 1948, chargés du maintien de l'ordre dans le cadre des Igamies (Inspection générale de l'administration en mission extraordinaire) : celle de Dijon englobe Bourgogne et Franche-Comté dans leurs limites actuelles (*fig. 24*).

Les antécédents de la régionalisation (1947-1956)

Après la guerre, le débat sur les régions reprend, mais d'abord plutôt sur le constat d'un déséquilibre économique entre Paris et la province et ce, à partir d'un livre qui fera date, mais dont les effets seront longs à se faire réellement sentir.

Le cri d'alarme de J.F. Gravier : « Paris et le désert français »

En 1947, J.F. Gravier publie un livre percutant qui aura un grand retentissement, surtout par son titre, *Paris et le désert français,* dans lequel il fait un double constat, un peu dramatisé tout de même. [33]

Un constat économique d'abord, qui souligne une double opposition. La première entre Paris, qui accumule les activités et les richesses de la France, et la province, vidée de sa population et de ses richesses et donc alanguie. La deuxième, qui nous intéresse moins ici, oppose une France industrielle du Nord et de l'Est, riche, et une France du Sud et de l'Ouest, agricole et pauvre. La

J.F. Gravier, Paris et le désert français, Flammarion 1958

Figure 24. Les Igamies (1948)

concentration des richesses et des activités à Paris est due, selon l'auteur, à la fois à l'organisation des moyens de transports qui convergent vers la capitale et donc lui permettent de drainer les activités économiques, notamment industrielles, et à la centralisation administrative, issue d'une tradition datant de la royauté, qui concentre les pouvoirs sur la capitale.

Un constat politique également, dans lequel J.F. Gravier analyse en profondeur le système centraliste français et incite donc à « une reconnaissance du fait régional ». [25] Il propose une division de la France en 18 régions, qui ne seraient au départ que des syndicats de départements et donc en respecteraient les limites, chacune étant animée par une grande agglomération car « l'avènement des capitales régionales et des régions économiques est le fait décisif qui impose la refonte de notre structure territoriale ». [33] Ce changement implique une réforme de l'Etat : transfert aux régions de certains services publics (enseignement, police, santé publique) et des ressources fiscales correspondantes qui seront administrées par une commission permanente issue des conseils généraux ; création d'un Conseil économique régional.[25] Il n'est pas encore question d'élection mais certaines directions sont données.

Le découpage régional de J. F. Gravier

J.F. Gravier s'est donné des critères de découpage très restrictifs : 18 régions seulement, chacune devant « englober une masse humaine assez importante (un effectif qui ne saurait être inférieur à un million d'habitants) pour être capable d'une certaine autonomie culturelle et économique (et être dotée) d'un centre universitaire bien équipé, d'un grand quotidien, de banques régionales, de firmes commerciales puissantes ». Dans ces conditions, on s'en doute, la candidature du Besançon de l'époque ne fait pas le poids : l'ensemble de la Franche-Comté passe une fois de plus dans une grande région qui comprend, outre l'actuelle Bourgogne, la Haute-Marne, soit un total de neuf départements, dirigés par Dijon ! La rivale comtoise doit se contenter du statut de « capitale secondaire » (*fig. 25*).

La démonstration de J.F. Gravier mérite en effet d'être exposée en détail, car on y retrouve une argumentation récurrente dans ce genre de littérature : « historiquement, la Franche-Comté groupe trois départements qui, avec Belfort, sont peuplés de moins de 900 000 habitants. Cette ancienne province n'atteint donc pas la « dimension régionale » ; aussi bien, Dôle (avec l'accent circonflexe honni des Comtois !) et Lons-le-Saunier, voire Gray sont d'obédience dijonnaise autant que bisontine. Ainsi se confirme la nécessité de grouper Bourgogne et Franche-Comté en une région bicéphale qui comprendrait huit départements (...) peuplés de 2,5 millions d'habitants sur 54 330 km². Cette région, d'une étendue supérieure à celle de la Suisse, serait une des plus vastes de France. Sa constitution se justifie par le fait que plusieurs départements « de transition » sont néanmoins, pour la plus grande part, orientés vers Dijon. Outre la Haute-Marne et l'Yonne (...), c'est le cas de la Nièvre (à demi morvandelle) et de la Saône-et-Loire (entièrement bourguignonne par son histoire et son économie) ». [33]

Toutefois J.F. Gravier nuance ensuite sa pensée à propos de la place faite à Besançon par rapport à Dijon et fait preuve, sur certaines questions, d'un bel esprit d'anticipation. Il poursuit donc : « au centre d'un tel ensemble (Bourgogne/Franche-Comté) et au cœur du marché européen, le couple Besançon-Dijon pourrait apporter un contrepoids efficace à l'attraction parisienne. Si Dijon s'impose comme capitale administrative par sa situation géographique, il n'y a aucun inconvénient, bien au contraire, à maintenir

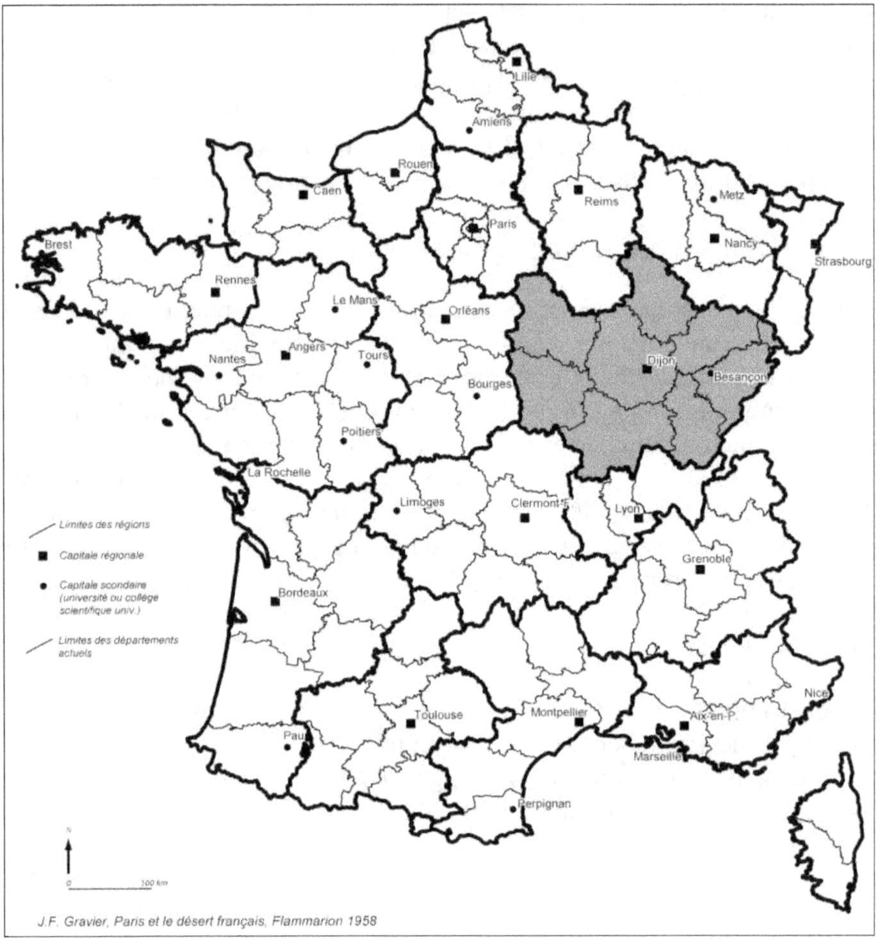

Figure 25. Le découpage Gravier (1947)

les deux universités, sous réserve d'une certaine spécialisation. En particulier, Besançon s'est affirmée comme l'un de nos centres artistiques les plus actifs (référence au Festival International de Musique, alors en pleine ascension) et pourrait accueillir, notamment dans le domaine musical, des organismes de classe européenne ; une Ecole d'Arts et Métiers y serait également très indiquée. D'autre part, certaines zones de la région sont à plus de 150 km de Dijon et des relais d'enseignement technique et scientifique devraient être prévus à Belfort, Chalon-sur-Saône et Nevers ». Précédemment, il avait indiqué que « les réformes institutionnelles doivent réaliser le « jumelage » de ces villes (comme Nancy et Metz, Dijon et Besançon) qui séparées par 60 ou 80 kilomètres, sont manifestement destinées à se compléter au lieu de se neutraliser mutuellement par des rivalités stériles ». [33]

Le livre de J.F. Gravier connaît alors un grand retentissement, d'autant que les idées de l'auteur sont « portées par Claudius-Petit, ministre chargé de l'aménagement du territoire qui entreprend une politique nationale d'aménagement du territoire et ouvre la brèche pour une organisation régionalisée de l'Etat ». [25] Bien que cet ouvrage ait surtout servi à critiquer la domination économique parisienne, il va aussi contribuer à une réflexion sur la décentralisation administrative, qui aboutira à une véritable régionalisation.

Un découpage que son auteur (S. Antoine) pensait « évolutif »

Au début des années 1950, on s'interroge donc sérieusement sur une réforme de la carte administrative de la France. On constate que le département, conçu pour que les habitants (on dit aussi le préfet) puissent effectuer un aller-retour au chef-lieu en une journée de cheval ne correspond plus à la réalité, puisque l'automobile raccourcit les distances. Dans les faits, le cadre départemental apparaît déjà trop étroit puisque de nombreux ministères ont procédé à des regroupements, mais qui ont l'inconvénient d'être différents selon les administrations : en 1958, on dénombre 54 types de régions administratives ! Dans le cadre de l'aménagement du territoire et de la planification, la taille insuffisante du département apparaît avec encore plus d'évidence.

En 1955, le Président du Conseil, E. Faure, prescrit donc, pour « stimuler la mise en valeur des régions souffrant de sous-emploi ou d'un développement économique insuffisant » l'établissement de « programmes d'action régionale ». Ceux-ci sont destinés à compléter le plan national de modernisation et d'équipement (jusque là non régionalisé) ; y sont précisés des objectifs à cinq ans, ainsi que les moyens destinés à les atteindre, notamment la création d'un système d'aide au développement régional et la mise en place de sociétés de développement régional. Les régions de programmes prévues correspondent aux circonscriptions des Igames (Inspecteurs généraux de l'administration en mission extraordinaire) ; or celles-ci, on le sait, intègrent purement et simplement la Franche-Comté à la Bourgogne. Ce découpage ne paraissant pas complètement satisfaisant, en 1956 on confie la charge de proposer un découpage plus sérieusement raisonné à un jeune énarque, passionné par les cartes, Serge Antoine (*L'Express, 9 août 2006*).

S. Antoine constate d'abord que de nombreux ministères découpent la France en regroupant des départements, mais ces regroupements sont rarement identiques ; il ne reconnaît en effet pas moins de 80 divisions différentes ! Il décide ensuite de ne pas démembrer les départements et, comme J.F. Gravier, d'obtenir des régions d'au moins un million d'habitants. Il superpose alors les principaux découpages de l'époque et constate que certaines régions sont historiquement évidentes comme l'Alsace, l'Auvergne et la Bretagne, encore qu'il y ait, pour cette dernière, le problème de savoir où mettre Nantes et sa Loire Inférieure (aujourd'hui Loire Atlantique); une fois de plus, la Franche-Comté, pourtant une des plus anciennes régions françaises, n'est pas reconnue en tant que telle, c'est-à-dire comme une région historique.

Pour les autres régions, il s'appuie sur deux concepts alors à la mode chez les géographes, celui d'armature urbaine (position des villes les unes par rapport aux autres) et celui de hiérarchie urbaine (hiérarchie des villes en fonction de leur taille et de leur zone d'influence). Ces concepts lui permettent de repérer des villes qui, par leur position centrale dans un territoire, par leur place privilégiée dans la hiérarchie urbaine et par leur vaste zone d'influence (notamment celle de leurs universités) sont susceptibles de devenir des capitales et donc d'organiser autour d'elles une région. Lorsqu'il y a problème, il utilise un troisième concept, qui commence alors à être également en vogue chez les géographes, celui de réseaux et de flux qui parcourent ces réseaux. En ce qui le concerne, S. Antoine utilise les flux téléphoniques pour délimiter la zone d'influence d'une agglomération et ses relations avec d'autres villes. Il aboutit finalement à un découpage en 21 régions (*fig. 26*).

Pour ce qui est de nos deux régions, voilà comment S. Antoine explique lui-même, a posteriori, ses choix dans l'interview de l'Express citée plus haut. A propos de la Bourgogne : « la plupart du temps, la Bourgogne et la Franche-Comté étaient associées par les ministères. Mais mon souci de m'appuyer sur les villes m'a fait opter pour deux régions distinctes, l'une autour de Dijon et l'autre, de Besançon ». A propos de la Franche-Comté : « je me suis longtemps demandé s'il fallait la rattacher à la Bourgogne. Mais à partir du moment où nous avons décidé de nous appuyer sur les villes, j'ai dessiné la Franche-Comté autour de Besançon. Dès lors, les contours de la région étaient assez évidents. Le Territoire de Belfort, par exemple, était clairement tourné vers le sud, et pas du tout vers l'Alsace ». La Franche-Comté échappe donc de justesse, on va le voir plus loin et, pourquoi pas, grâce aux travaux des géographes, à une intégration à la Bourgogne que J.F. Gravier avait pourtant préconisée !

Les régions de programme sont finalement officialisées en 1956, puis deux décrets (1959 et 1960) entérinent le découpage de S. Antoine et harmonisent sur ce modèle les circonscriptions d'une trentaine de ministères. Ce découpage, qui par bonheur pour la Franche-Comté survivra contre vents et marées, a suscité de S. Antoine le commentaire suivant : « ma seule erreur a été de croire que je mettais en place un système évolutif. J'étais convaincu, naïvement, que l'on assisterait peu à peu à des fusions de régions. Hélas, j'attends encore !». Rien en effet n'a changé depuis, hors le détachement de la Corse de la région Alpes-Provence-Côte-d'Azur, en 1970 : les projets de fusion entre les deux Normandie, ainsi qu'entre Auvergne et Limousin (proposé par Giscard d'Estaing) ont échoué.

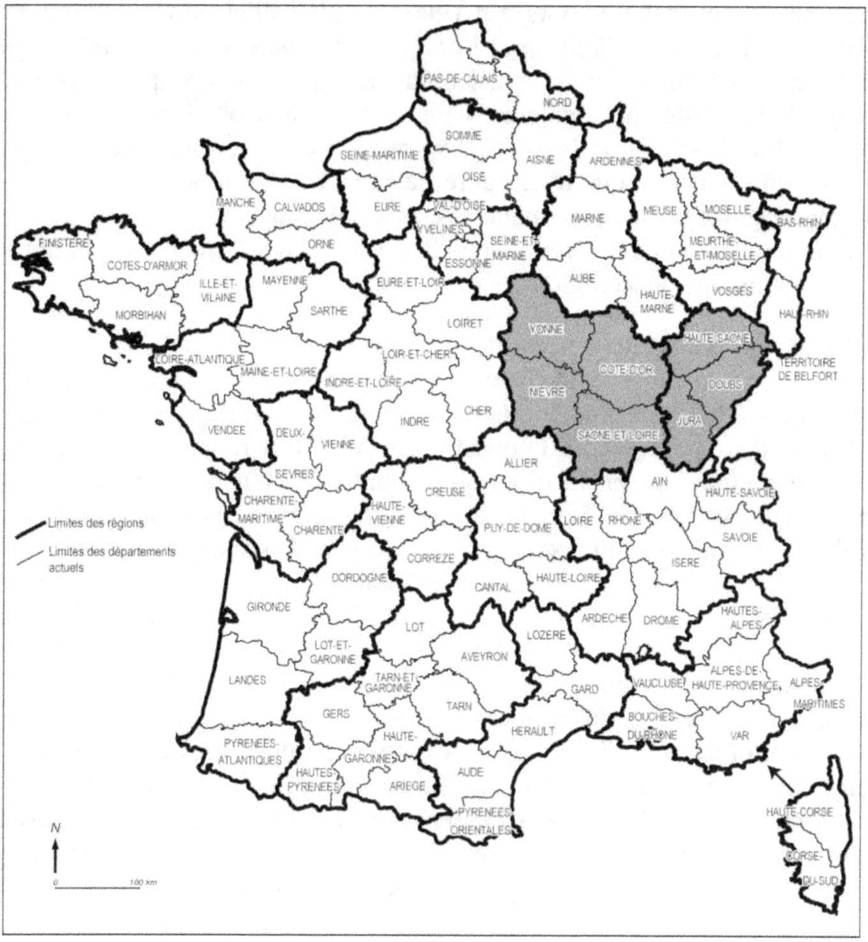

Figure 26. Le découpage Antoine (1959)

Discussions et polémiques autour du découpage de S. Antoine

La Bourgogne doit certainement son allure actuelle au fait que S. Antoine veut, limiter l'extension de la région parisienne : il rattache donc l'Yonne à la région de Dijon, comme l'avait fait J.F. Gravier, mais après quelques hésitations. Quant à la Franche-Comté, Edgar Faure se serait attribué sa création, en affirmant à peu près : « je n'allais tout de même pas laisser la Bourgogne annexer la Franche-Comté !». Il est vrai que l'existence de cette dernière ne va pas de soi : la région n'a que 857 000 habitants en 1954, or S. Antoine s'est fixé au moins un million d'habitants ; et Besançon ne possède pas une université complète : elle n'a alors qu'une école de médecine, qui dépend de Nancy, et une école municipale de droit, sous la tutelle de la faculté de Dijon, d'où les professeurs viennent faire cours. En 1960, M. Chevallier intitule un article que j'ai utilisé plus haut : *Pour que Besançon devienne une véritable capitale régionale,* [59] ce qui implique que Besançon a alors beaucoup à faire pour le devenir. J. Gavoille met également un point d'interrogation au titre de son article : *Besançon capitale (?) au temps du régionalisme.* [65] Outre l'intervention hypothétique d'E. Faure, la Franche-Comté a-t-elle échappé à la Bourgogne grâce à de trop modestes flux téléphoniques entre Besançon et Dijon, impliquant une relative indépendance de la capitale comtoise et donc une certaine autonomie de sa région ?

Ce découpage donne lieu, par ailleurs, à de nombreuses polémiques et à des discussions sans fin sur le bien-fondé de ses limites, en particulier sur l'existence même de la Franche-Comté. Un texte d'un décret de 1961, signalé par J. Pinard, se pose encore la question. Après avoir rappelé la modeste taille de la région, aussi bien en surface qu'en population, le texte poursuit : « aussi a-t-on pu se demander si la Franche-Comté atteignait bien la dimension régionale et s'il ne vaudrait pas mieux la grouper avec la Bourgogne pour en faire un grand ensemble analogue à celui de Rhône-Alpes ». [71] Ce même décret approuve finalement l'existence d'une Franche-Comté, mais avec des raisons pour le moins curieuses. On y insiste sur « l'influence espagnole qui s'y exerça profondément et dont subsistent encore des traces aujourd'hui » [71], alors que, comme on le sait, cette influence espagnole fut quasiment nulle. Autre argument, étonnant : « si les Francs-Comtois, comme les Bourguignons, sont farouchement attachés à leur liberté, c'est là sans doute leur seul point commun, car ils s'opposent en fait totalement. Hommes de l'Est, sérieux, voire graves, les Francs-Comtois sont volontiers repliés sur eux-mêmes ; peu communicatifs, ils n'accordent pas de prime abord leur confiance à un inconnu. La difficulté de l'existence sous un climat et sur un sol ingrat en a fait, au cours des siècles, une population énergique, courageuse, aussi capable d'efforts violents que d'application tenace à une besogne délicate. Habitants d'un pays plus ensoleillé, les Bourguignons apparaissent plus gais, plus communicatifs, optimistes parfois jusqu'à l'insouciance ; bons vivants, aimant la vie de société, ils sont plus attirés par le contact des hommes que par le travail de la matière » ! [71]

Toujours dans ce décret signalé par J. Pinard, un dernier argument, qui paraît plus sérieux sans être complètement convaincant : « que penser au surplus d'une région (Bourgogne/Franche-Comté) qui, étant donné la configuration des départements ainsi réunis, serait allée de Sens, située presque aux confins de la grande banlieue parisienne, jusqu'à Belfort, porte de l'Alsace rhénane, et au col de la Faucille d'où l'on aperçoit Genève et le lac Léman ? Trop vaste, étirée d'est en ouest, elle eût artificiellement accolé un ensemble de pays non seulement disparates, comme c'est le cas pour d'autres régions, mais réellement orientés dans des directions opposées ». [71] En effet, comme le fait remarquer J. Pinard, « Rhône-Alpes est-elle plus homogène, qui va de Roanne au Mont

Blanc, et qu'ont de commun (en Languedoc-Roussillon) la Lozère et le Roussillon ? » [71] On pourrait ajouter que cette région aurait commandé deux des principaux passages européens, entre la Méditerranée et l'Europe du Nord-Ouest d'une part, l'Europe du Nord et de l'Est d'autre part, ce qui aurait pu en faire une région charnière en Europe.

De la décentralisation régionale à la régionalisation

Une lente décentralisation administrative (1956-1982)

Le découpage en régions ne va vraiment servir, jusqu'en 1982, qu'à décentraliser les services de l'Etat. D'ailleurs, la constitution de 1958, voulue par de Gaulle, « ne reconnaît (comme en 1946) que deux types de collectivités locales, les départements et les communes » [25], les régions sont oubliées.

En 1959, le gouvernement crée des Conférences interdépartementales qui donnent à un des préfets de la région le titre de préfet coordonnateur, chargé de mettre en œuvre régionalement la préparation du plan. En 1960, 21 Circonscriptions d'Action Régionale (CAR) sont créées, dans lesquelles le préfet coordonnateur prend le titre de préfet de région et dans lesquelles toutes les administrations doivent harmoniser leur ressort territorial. En 1964, elles sont dotées d'assemblées, les Commissions de développement économique et social (Coder), formées de représentants des élus locaux, de socioprofessionnels et de personnalités qualifiées. Ces Coder, dont les membres ne sont pas élus (ou du moins pas pour cela en ce qui concerne les élus locaux) et qui n'ont qu'un rôle consultatif, marquent cependant symboliquement un petit progrès de l'idée régionale. Localement, Bourgogne et Franche-Comté sont évidemment dotées chacune d'un préfet coordonnateur et d'une Coder. En 1958, est créée une Société de Développement Régional, dont le rôle est d'aider les entreprises industrielles locales par des prêts à long terme et des financements privilégiés, mais qui s'intitule Centrest, et qui comprend Bourgogne et Franche-Comté : la vieille idée d'un rapprochement entre les deux régions n'est pas loin !

L'échec d'une première tentative de régionalisation (1969)

Quatre ans plus tard, le général de Gaulle, converti à la régionalisation, déclare : « l'effort multiséculaire de centralisation qui fut longtemps nécessaire à la nation pour réaliser et maintenir son unité (...) ne s'impose plus désormais. Au contraire, ce sont les activités régionales qui apparaissent comme les ressorts de la puissance économique de demain ». [25] Le projet de reconnaître les régions comme des collectivités locales à part entière et de rénover le Sénat, soumis à référendum en 1969, est repoussé, pour de tout autres raisons il est vrai que celle de l'existence des régions ; de Gaulle se sent obligé de démissionner.

La régionalisation est ainsi retardée d'une dizaine d'années, à l'exception tout de même d'une nouveauté importante : en 1972, le statut d'établissement public est donné aux régions ; celles-ci reçoivent ainsi un statut juridique et sont dotées d'un « Conseil régional, qui remplace les Coder, présidé par un élu, mais sous l'autorité du préfet de région ». [25] Les Etablissements Publics Régionaux (EPR) prennent peu à peu le relais de l'Etat en certaines matières, notamment en ce qui concerne l'aménagement du territoire : les contrats de pays, par exemple, passent ainsi sous le contrôle des EPR.

Au cours de cette période de déconcentration administrative, pendant laquelle les régions ne disposent donc pas encore vraiment d'une autonomie, Bourgogne et Franche-Comté s'ignorent évidemment, car chaque EPR est suffisamment occupé à renforcer ses faibles pouvoirs pour penser à collaborer ou même à consulter l'EPR voisin.

La première vraie régionalisation (1982-1990)

A son arrivée au pouvoir, c'est la gauche, pourtant traditionnellement jacobine, qui met en place la première vraie décentralisation régionale. En effet, après des décennies de méfiance, surtout après le régime de Vichy qui avait, au moins dans les idées, voulu un retour à une France décentralisée, la gauche s'est peu à peu convertie à la décentralisation. Cette reconversion a d'abord été préparée par P. Mendès France qui, dans sa *République moderne* publiée en 1962, écrit « la région est une réalité économique ; mais elle n'a trouvé jusqu'ici aucune expression institutionnelle ». [25] La décentralisation est avalisée au congrès du nouveau parti socialiste à Epinay, en 1972, et mise en œuvre aussitôt après son arrivée au pouvoir, en 1981, par Gaston Defferre, ministre de l'Intérieur. La décentralisation, qui s'étend aussi aux communes et aux départements, va donc s'appliquer aux régions.

F. Mitterrand étant lui-même assez réticent sur cette réforme et les ministres qui en étaient partisans lorsqu'ils étaient dans l'opposition, l'étant moins une fois au pouvoir, G. Deferre évite de discuter du découpage des régions et reprend celui de 1956. Il prévoit donc de transformer simplement les EPR en collectivités territoriales dont le statut sera calqué sur celui des départements et des communes : les régions auront donc « d'une part un exécutif dirigé par les élus et non plus par le préfet de région, et d'autre part un contrôle de l'Etat *a posteriori* et non *a priori* ». [25] Malgré l'opposition du Sénat, soutien traditionnel du département, la première loi de décentralisation, promulguée en 1982, met en place officiellement l'institution de la Région et, en 1983, les attributions de celle-ci sont précisées : elle se voit confier notamment la construction et l'entretien des lycées ainsi que la formation professionnelle. En 1986, une étape importante est franchie avec l'élection des conseillers régionaux au suffrage universel sur des listes départementales. Les Régions prenant donc peu à peu de la consistance, va-t-on les voir, plus sûres d'elles-mêmes, collaborer ou même éventuellement penser à fusionner, comme l'espérait S. Antoine ? Non, du moins en Bourgogne et en Franche-Comté.

Des doutes sur la possibilité d'une union des deux régions dans les années 1980

On constate d'abord que, dans les faits, les deux Régions vivent sans se préoccuper beaucoup l'une de l'autre. Par exemple, lorsque les Conseils Régionaux préparent des Schémas régionaux de formation et de construction scolaire, il n'est guère question de coordination. Plus étonnant encore, lorsque des Schémas de communication routière et ferroviaire sont mis en place, les deux régions s'ignorent ou presque : la question d'une voie express (à quatre voies) entre les deux capitales, pourtant vieux serpent de mer, n'est pas évoquée, les Comtois se souciant plus, semble-t-il, de leur liaison avec Dole et Chalon-sur-Saône qu'avec Dijon.

Dans les têtes, en Bourgogne comme en Franche-Comté, la possibilité et l'efficacité d'une union entre les deux régions n'est pas vraiment à l'ordre du jour, comme le démontre amplement une enquête menée en 1981, par J.P. Regad-Pellagru et M. Thiriet, auprès de différents responsables locaux. Parmi les questions posées figurait la suivante : « une association Bourgogne-Franche-Comté vous paraît-elle souhaitable et réalisable ? ». [46] Les réponses sont éclairantes.

Certains doutes en Bourgogne

Les Bourguignons, qui pourtant auraient tout à gagner d'une fusion, sont aussi dubitatifs que les Comtois. D'emblée le Préfet de la Région Bourgogne pose bien le problème : « force est d'avouer que les liaisons entre la Bourgogne et la Franche-Comté sont bien faibles. Séparées depuis quelque 400 ans, n'ayant pas de métropoles importantes sur leur sol, elles ont plutôt tendance à regarder vers d'autres régions qu'à chercher une collaboration. Les liens qui les unissent sont surtout administratifs (quelques directions régionales sont communes) et universitaires. Leurs caractéristiques géographiques et économiques et leurs préoccupations étant assez différentes, la seule raison qui pourrait pousser à une liaison entre elles me semble être la nécessité de mettre sur pied des régions de taille plus importante. Certains experts estiment en effet que ce serait pour la France une nécessité, afin de lutter à armes égales dans le cadre européen avec les autres nations qui présentent des régions en moyenne plus puissantes que la France. Se poserait alors le délicat problème de la prééminence de Dijon ou de Besançon ». [46]

Le Secrétaire Général de la Fédération Interprofessionnelle Patronale estime qu'il « est certain que la Bourgogne ne constitue pas une région cohérente. De ce point de vue, un découpage régional regroupant Saône-et-Loire, Côte-d'Or, Doubs et Jura aurait constitué un ensemble plus ramassé, fondé sur des liaisons naturelles évitant la cassure du Morvan, qui marginalise la Nièvre par rapport au reste de la région, et l'attraction liée à la proximité de Paris dans l'Yonne. Le regroupement de certains services communs à la Franche-Comté et à la Bourgogne montre par ailleurs que Côte-d'Or et Saône-et-Loire se sentent historiquement plus proches du Doubs et du Jura que de la Nièvre. Mais le découpage est ce qu'il est, d'autant qu'il aurait fallu prendre en compte la rivalité Dijon-Besançon dans le cas d'un découpage différent ». [46]

Le chef du Service régional de la statistique agricole déclare que « les deux régions juxtaposent des agricultures faiblement complémentaires entre lesquelles les échanges sont limités : la Bourgogne fournit du lait et des céréales à la Franche-Comté et en reçoit des vaches de réforme ! Par ailleurs, les deux régions souffrent de l'absence d'un pôle de développement puissant, pôle qui paraît difficile à créer en Bourgogne-Franche-Comté (…). L'agriculture ne semble pas être un critère de différenciation pour créer des régions (…). En conséquence, une association n'apporterait rien de plus au point de vue agricole ». [46]

Le Directeur de la Direction Interdépartementale de l'Industrie (DII), commune aux deux régions, remarque que « la DII coiffe les deux régions, mais avec un responsable particulier pour chaque région. Ce chapeau imposé aux deux régions est dû à un souci d'économie de personnel après la guerre. Il y avait cinq DII dont l'éclatement est prévu comme pour les autres administrations (…). En fait rien ne rapproche les deux régions sur le plan des structures industrielles. Il n'y a pas de complémentarité entre les deux régions, mais plutôt des liens de dépendance, dans la mesure où certaines entreprises bourguignonnes travaillent comme sous-traitantes de Peugeot. En fait, peu de régions sont aussi étrangères que Bourgogne et Franche-Comté qui s'ignorent fondamentalement : Dijon n'est qu'à 80 km de Besançon, mais les deux régions sont dos à dos et rien n'est fait pour améliorer les communications entre les deux capitales régionales (…). En outre un éclatement (de la DII) est prévu, de sorte que le chapeau administratif coiffant les deux régions est appelé à disparaître à plus ou moins long terme ». [46]

Le Secrétaire Général de la CFDT estime que les liens Bourgogne-Franche-Comté « sont relativement faibles au niveau syndical (…). Il ne nous semble pas qu'un rattachement, partiel ou non, avec l'actuelle région Franche-Comté résoudra les difficultés (emplois, salaires, conditions de travail). De toute façon, ce problème est à notre avis secondaire ». [46]

Le chef du service Etudes de la Chambre Régionale du Commerce et de l'Industrie rappelle d'abord, quant à lui, que « créer une région Centre-Est regroupant tout ou partie des régions Bourgogne et Franche-Comté est une hypothèse qui a été souvent formulée. Les deux régions ont en effet des préoccupations communes en ce qui concerne les voies de communication (liaison Rhin-Rhône, autoroutes, voies ferrées, aérodromes, ...) et d'une manière générale l'aménagement du territoire, ce qui pourrait justifier une réunion des deux entités administratives. Mais pour ce qui concerne le développement industriel lui-même, les possibilités d'intervention que détiennent actuellement les régions sont trop limitées pour qu'une association des deux régions donne des résultats significatifs. De plus, les régions ont toujours la faculté de s'associer pour la mise en œuvre de telle ou telle politique. Cette faculté a été jusqu'à présent très peu utilisée ». [46]

Le Directeur adjoint de l'IER (Institut d'Economie Régionale Bourgogne-Franche-Comté) pense « qu'une complémentarité de deux ou plusieurs régions est toujours souhaitable, mais dans la phase actuelle de la régionalisation française, l'association, surtout dans le cadre de la Bourgogne et de la Franche-Comté, ne semble pas être souhaitée par nombre de partenaires. Les deux régions, tout en effectuant entre elles des flux importants d'échanges, subissent en leur propre sein des écartèlements qui ne militent pas toujours en faveur de leur association. Toutefois, des domaines de collaboration existent : on peut citer entre autres la formation et l'Université, le développement du tertiaire supérieur, le passage du TGV ... ». [46]

Le Directeur de la Société de Développement Régional (SDR) Centrest juge que « le regroupement des deux régions dans la SDR Centrest ne correspond à aucune volonté d'unification réelle ni à une cohérence économique particulière. Il s'agit plutôt d'un fait historique et administratif. La preuve en est la création de deux centres d'exploitation (Dijon, Besançon). Il n'y a pas de rapport particulier entre les deux régions, ce qui est regrettable à certains points de vue, notamment dans le domaine des équipements collectifs : aéroport de Tavaux, Grand Canal, Voie Express Dijon-Besançon ... qui auraient sans doute un impact considérable. Il s'agit de deux petites régions, coiffées par une SDR qui a récupéré récemment la Saône-et-Loire et correspond aux limites des deux régions de programme ». [46]

Des doutes certains en Franche-Comté

L'enquête n'ayant pas été menée de la même façon en Franche-Comté et la question d'un regroupement des deux régions n'ayant été posée qu'à deux responsables, on ne peut donc se faire une idée aussi précise qu'en Bourgogne. Mais nul doute que les réserves auraient été aussi fortes, et même certainement plus fortes. Les deux réponses que nous possédons ne laissent guère de doute.

Le Directeur de la Chambre Régionale d'Agriculture pense que « dans notre domaine d'application, cette agrégation des deux régions ne correspond à aucune réalité, tant sur le plan de l'homogénéité des activités que sur celui des solidarités humaines. Les préoccupations sont différentes et, si des liaisons de bon voisinage peuvent exister, et sont même souhaitables, elles ne sont pas justifiées par des communautés de situations ». [46] Le Secrétaire Général de la Chambre des Métiers du Doubs constate qu'il « existe une structure de coordination au niveau interrégional Bourgogne-Franche-Comté entre les Chambres des Métiers appelée « secteur ». Mais les réunions de ce groupe sont peu nombreuses et, pratiquement, aucune action n'est menée conjointement entre les Chambres des Métiers » [46] des deux régions. J.P. Regad-Pellagru et M. Thiriet eux-mêmes tirent de leur enquête et de leurs travaux sur la Bourgogne et la Franche-Comté le bilan suivant, pour le moins mitigé, sur la possibilité d'une union.

Union ou indépendance : un argumentaire de 1981

Quelques arguments en faveur d'une union des deux régions

Selon J.P. Regad-Pellagru et M. Thiriet plusieurs raisons conduisent à l'idée d'un regroupement. [46] Des flux de personnes existent entre les deux régions, et particulièrement entre Doubs, Jura et Côte-d'Or ; des Bourguignons séjournent en vacances dans le Haut-Jura et de nombreuses familles sont dispersées dans les deux régions. L'université de Dijon accueille alors un contingent notable d'étudiants du Jura et de Haute-Saône (6 à 8% du total) et, après la guerre, des enseignements étaient communs, comme le Second cycle de la Faculté de Droit et le sont encore (DEA d'archéologie de la Gaule, DESS judiciaire, CES en médecine). L'Ecole Supérieure de Commerce recrute alors 20% de ses étudiants en Franche-Comté. Un Institut d'Etudes Régionales commun aux deux régions a été créé en 1955 pour suivre leur évolution démographique et économique.

Les mêmes auteurs font remarquer également que, dans les années 1950, « la politique administrative de l'Etat a joué un rôle essentiel dans le regroupement Bourgogne-Franche-Comté en le fondant sur la nécessité de réaliser des économies d'échelle (...). C'est ainsi que de nombreux services bi-régionaux furent installés à Dijon, avec autorité sur les deux régions : Insee, télécommunications, Sécurité sociale, Chèques postaux, Impôts, Direction Interdépartementale de l'industrie, Interrégion des Douanes ... ». [46] Le Crédit National, spécialisé dans les investissements industriels, a inauguré une délégation commune alors que jusqu'ici, symboliquement, la Bourgogne dépendait de Paris et la Franche-Comté de Nancy. On pourrait ajouter que les deux régions disposent d'une direction de télévision régionale commune, même si, à l'époque, les relations entre les deux rédactions ne sont pas toujours au beau fixe, les Bisontins craignant que Dijon ne dicte sa loi. La faible population des deux capitales les rendant « incapables de dominer réellement leur région et les poussant à une rivalité néfaste et coûteuse (...), des complémentarités pourraient être mises en place », notamment dans le cadre du « triangle Dijon, Besançon, Chalon-sur-Saône » [46] où se croisent de nombreuses voies de communication. Enfin, entre Dijon plus tertiaire et Besançon et Chalon-sur-Saône plus industrielles, une certaine complémentarité pourrait s'instaurer.

Mais beaucoup d'autres arguments en faveur d'une indépendance

A la suite de ce plaidoyer en faveur d'une fusion, on constate d'abord, comme J.P. Regad-Pellagru et M. Thiriet eux-mêmes, que certains des arguments en faveur de l'union sont justement ceux qui, pour les Comtois, militent en faveur de l'indépendance ! Le fait que le second cycle de droit soit commun aux deux Universités, mais soit installé à Dijon, est justement considéré par les Comtois comme une forme de dépendance dont ils chercheront à toute force de se défaire. Même remarque pour les services bi-régionaux dont les directions sont toutes à Dijon : les Comtois n'auront donc de cesse d'obtenir leurs propres directions régionales et de les rapatrier peu à peu à Besançon ! Les flux d'étudiants eux-mêmes restent tout de même modestes si l'on tient compte de la proximité et de l'accessibilité de Dijon, notamment depuis le département du Jura : en 1990, 3,9% seulement des étudiants de l'Université de Bourgogne venaient du Jura, 1,5% de Haute-Saône et 1,8% du Doubs, soit un total de 7,2% d'étudiants comtois, contre 32,2% venant de la seule Côte-d'Or et 19,7% de la Saône-et-Loire. Enfin, on peut faire remarquer que les flux de personnes entre les deux régions restent bien minces et que, pour répondre à l'argument relatif aux touristes bourguignons qui séjournent dans le Haut-Jura, il n'est pas nécessaire d'appartenir à la même région pour y prendre ses vacances.

Les auteurs constatent également eux-mêmes d'entrée que « en fait, peu de régions s'ignorent autant que Bourgogne et Franche-Comté (...). Dijon et Besançon sont en grande partie étrangères l'une à l'autre, bien que séparées par seulement 80 km ; elles restent dos à dos pour de multiples raisons ... d'abord et surtout, à cause du refus de la Franche-Comté d'être dominée par la Bourgogne ». [46] Les auteurs estiment que Besançon a besoin de s'affirmer comme capitale régionale du fait de l'indépendance croissante du Pays de Montbéliard et du Territoire de Belfort ; or, dans le cas d'une union, « l'implantation à Dijon de toutes les directions birégionales placerait Besançon dans une position de second plan dans une région Centre-Est, Montbéliard-Belfort demandant alors à occuper une position analogue à celle de Besançon ». Ils pensent également que l'octroi à Dijon, en 1964-1965, du titre de « métropole assimilée à une métropole d'équilibre » a été « une erreur psychologique » [46], en ce sens qu'elle a renforcé les Bisontins dans leur crainte d'une domination de Dijon ; la perte de ce titre, dans les années 1970, serait due aux efforts de Besançon pour faire éclater les diverses directions birégionales et rapatrier des directions autonomes dans la capitale comtoise.

La lenteur ou l'impossibilité d'implanter, entre 1965 et 1980, des voies de communication rapides entre Besançon et Dijon (4 voies ou autoroute, desserte ferroviaire rapide) paraissent également aux auteurs des signes du refus de toute sujétion par Besançon, de même que l'impossibilité de s'entendre sur la création d'un aéroport commun aux deux régions. J. P. Regad-Pellagru et M. Thiriet concluent enfin sur les oppositions entre les situations géographiques des deux régions et les divergences de leurs orientations économiques déjà analysées dans un chapitre précédent : la Franche-Comté région frontière, intéressée surtout par un axe Rhin-Rhône, la Bourgogne région ouverte, intéressée plutôt par l'ouverture sur le nord et l'ouest ; la Franche-Comté terre d'élevage laitier et de grandes firmes industrielles, la Bourgogne, terre de céréales, de vigne, d'élevage pour la viande et de petites entreprises industrielles, de sorte que, malgré des problèmes analogues, les complémentarités sont rares.

***

De ce bilan des relations Bourgogne/Franche-Comté, on peut tirer au moins deux enseignements. Dans les années quatre-vingts, ces deux régions, qui n'ont que peu d'intérêts communs et qui se tournent le dos, ne voient pas alors vraiment l'intérêt d'une collaboration. Lorsque des structures communes existent, soit elles ne fonctionnent pas vraiment (Centrest, Chambre des Métiers), chaque région gardant son indépendance, soit les Comtois cherchent à toute force à récupérer ce qu'ils estiment leur revenir (directions administratives birégionales).

J.P. Régad-Pellegru et M. Thiriet en tirent eux-mêmes deux conclusions. « Le débat sur l'association Bourgogne/Franche-Comté est donc passé au second plan dans les années récentes (...). L'association apparaît plus comme un moyen de résoudre des problèmes spécifiquement bourguignons (par exemple le recentrage de Dijon par rapport à la région) que comme une volonté de promouvoir une région économique plus puissante ». [46] On peut donc se poser la question suivante : est-ce que, à l'organisation physique du territoire, dont on a vu plus haut qu'elle semble pousser les deux régions dans des directions différentes, s'ajouteraient d'autres dimensions, héritées de l'histoire, qui feraient d'elles des territoires si différents qu'elles n'auraient guère de points communs et donc peu à gagner à une collaboration. ? D'où l'intérêt d'en présenter une sorte de portrait comparé.

Deux régions différentes mais en voie de convergence

Traditionnellement, on présente la Bourgogne et la Franche-Comté comme des régions très différentes, l'une plus agricole, la Bourgogne, réputée pour ses vins et ses bœufs (charolais), l'autre plus industrielle, la Franche-Comté, réputée pour ses voitures et ses montres ; l'une plus tournée vers la région parisienne, l'autre plus vers l'Alsace et la Suisse. Si ces clichés ne sont pas complètement faux, la réalité apparaît plus complexe et surtout très évolutive.

Les deux régions présentent en effet un certain nombre de points communs, souvent il est vrai plus négatifs que positifs, et beaucoup d'aspects dissemblables.

Des points communs plutôt négatifs

Deux régions de petite taille

Bourgogne et Franche-Comté sont deux régions de taille modeste au regard de l'ensemble français et européen. La Bourgogne compte quatre départements (Côte-d'Or, Nièvre, Saône-et-Loire, Yonne) et si, par sa surface (31 580 km², environ 6% du territoire national), elle vient au 6e rang (sur 22) en France, en revanche elle ne se classe qu'à la 16e place par sa population (1 629 000 habitants en 2006) et plus loin encore par sa densité (51 hab/km²). La Franche-Comté est elle aussi divisée en quatre départements, en moyenne plus petits que les bourguignons : Doubs, Haute-Saône, Jura, Territoire de Belfort ; ce dernier (resté français en 1871 mais devenu département seulement en 1922) ne représente guère, avec une surface d'environ 600 km² , que le dixième d'un département français moyen ; la région elle-même équivaut à la moitié de la Bourgogne (16 200 km²) et ne vient qu'au 17e rang par sa surface, au 20e par sa population (1 151 000 habitants en 2006), sa densité étant toutefois supérieure à celle de sa voisine (69 hab/km²). Bourgogne et Franche-Comté se situent en deçà des moyennes européennes, aussi bien en poids démographique total qu'en densité.

L'association de la Bourgogne et de la Franche-Comté en ferait une région moyenne par sa population totale au niveau de l'Europe de l'Ouest (2 780 000 hab.), mais avec une densité très inférieure (57 hab/km², 175e rang sur 211). Si selon l'Insee, les deux régions s'apparentent « à des territoires européens vastes mais faiblement peuplés (...) », en revanche on peut ne pas suivre cet organisme lorsqu'il affirme que « l'ensemble ne permet donc pas de constituer une région d'envergure européenne, ni même nationale » [67] : en effet cette Bourgogne/Franche-Comté serait classée au 7e rang par sa population en France et au 37e rang sur 211 en Europe, ce qui la placerait dans le premier quart des régions les plus peuplées.

Un territoire «en creux» entre des régions fortes

Bourgogne et Franche-Comté sont entourées par des régions voisines plus peuplées soit par leur poids démographique total, soit par leur densité : l'Ile-de-France (11 millions d'habitants, 912 hab/km²), Rhône-Alpes (5,6 millions, 131), la Lorraine (2,3 millions, 98) et l'Alsace (1,7 million, 210). En Suisse, même la partie jurassienne atteint près de 200 hab/km², soit une densité cinq fois supérieure à la partie française.

Les deux régions sont également moins urbanisées que leurs voisines. Paris et sa petite couronne atteignent 6,2 millions d'habitants, Lyon 1,4 million, Metz-Nancy 600 000 et Strasbourg 450 000, contre 237 000 pour l'agglomération de Dijon (24e en France) et 134 000 pour celle de Besançon (37e). Seule l'aire urbaine de Belfort-Montbéliard (environ 280 000 habitants) pourrait se comparer à ses voisines, mais l'agglomération, non reconnue comme telle par l'Insee, apparaît actuellement comme une construction plus statistique que fonctionnelle, faite de l'addition des agglomérations de Montbéliard (113 000), de Belfort (82 000) et de quelques autres. Il en est de même de la Communauté urbaine du Creusot/Montceau-les-Mines, en Bourgogne, non reconnue comme agglomération par l'Insee, et qui, après avoir longtemps dépassé 100 000 habitants, ne les atteint plus à la suite d'un long déclin industriel *(fig.27)*. En outre, les capitales dominent mal leur espace régional car Dijon est excentrée en Bourgogne et Besançon concurrencée par l'aire urbaine de Belfort-Montbéliard : les mauvaises langues ne disent-elles pas, avec quelque exagération tout de même, que la Franche-Comté est une région sans capitale et Dijon une capitale sans région ?

Bourgogne et Franche-Comté sont donc des régions de villes moyennes et petites. Si l'on s'en tient aux définitions Insee, en dehors de Dijon, Besançon et Montbéliard, seules trois autres agglomérations s'inscrivent entre 50 000 et 100 000 habitants : Belfort (82 000), Chalon-sur-Saône (76 000), Nevers (58 000). Onze autres se situent entre 20 000 et 50 000 : en Bourgogne, Mâcon (47 000), Montceau-les-Mines (43 000), Auxerre (41 000), le Creusot (38 000), Sens (37 000), Beaune (22 000) ; en Franche-Comté, Dole (30 000), Vesoul (29 000), Lons-le-Saunier (26 000), Pontarlier (22 000). Viennent ensuite une douzaine d'agglomérations entre 10 et 20 000 ou environ : Autun, Avallon, Louhans, Joigny, Migennes, Cosne-Cours-sur-Loire en Bourgogne, Luxeuil-les-

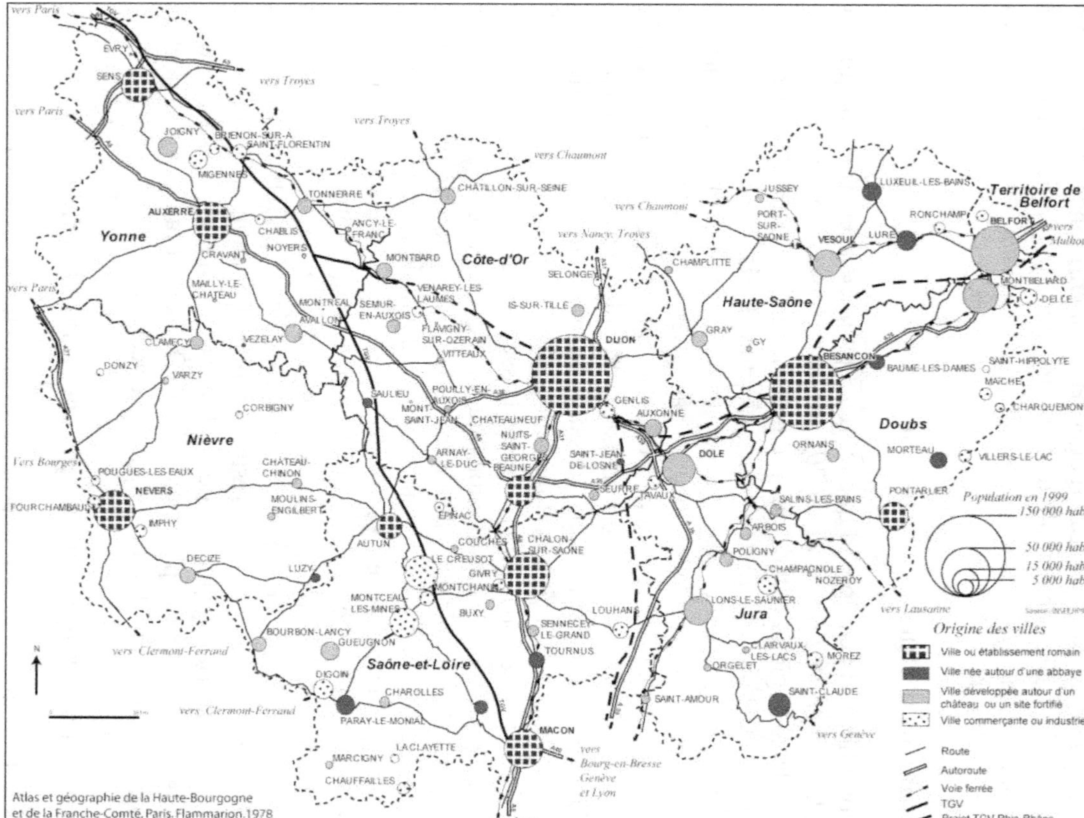

Figure 27. Villes et communications

Bains, Saint-Claude, Gray, Héricourt, Delle, Lure, Champagnole en Franche-Comté.

Ainsi, la campagne tient plus de place dans les deux régions qu'ailleurs. La population de l'espace à dominante rurale, selon la terminologie actuelle de l'Insee (en simplifiant, l'espace qui n'est ni urbain, ni périurbain) représente 33% de la population totale en Bourgogne et 26% en Franche-Comté, contre 18% en France ; la partie occidentale de la Bourgogne fait d'ailleurs partie de ce que j'avais appelé, dans *Les ruraux français*, « la diagonale du vide », à la fois peu peuplée et peu urbanisée.

Des scénarios du futur défavorables

Dans ces conditions, on comprend que les deux premiers scénarios imaginés par la Datar (*Aménager la France de 2020)* ne soient favorables ni à l'une, ni à l'autre des deux régions. Dans le premier scénario, celui de « *l'archipel éclaté* », Dijon et Besançon font pâle figure entre Paris, Lyon et Strasbourg : elles sont trop éloignées de ces métropoles pour faire partie de leur zone d'attraction et elles ne sont elles-mêmes pas assez attractives pour organiser l'espace « en creux» au milieu duquel elles se situent (*fig. 28*). Le deuxième scénario, « *le centralisme rénové* » n'est guère plus enviable puisque l'on retombe dans un centralisme bien connu qui, même rénové, fait dépendre directement Dijon et Besançon, et donc leur région, de la capitale (*fig. 29*). Un troisième scénario, « *le local différencié* », laisse les deux capitales régionales organiser une petite zone d'attraction autour de chacune d'elle et prévoit l'intégration de Belfort-Montbéliard dans un espace interrégional dont fait partie Mulhouse et qui donc, au moins économiquement, anticipe un démembrement de la Franche-Comté (*fig. 30*). D'où l'idée d'un quatrième scénario, « le polycentrisme maillé » qui envisage, pour combler le vide laissé à l'intérieur du triangle Paris-Lyon-Strasbourg, des connexions entre Dijon, Besançon et Chalon-sur-Saône, avec un raccordement vers Belfort-Montbéliard (*fig. 31*). Ces différents scénarios résument bien l'ambiguïté de la situation géographique de la Bourgogne et de la Franche-Comté et laissent entendre pourquoi, implicitement ou explicitement, des efforts sont faits, depuis quelques années, pour se diriger plutôt vers le quatrième scénario.

Une évolution démographique préoccupante à terme

Actuellement l'évolution démographique est certes meilleure en Franche-Comté qu'en Bourgogne. Dans cette dernière, la situation, déjà peu brillante entre 1990 et 1999 avec une population étale (+0,01 % seulement), s'est aggravée entre 1996 et 2000 puisqu'elle baisse désormais (-0,77%), ce qui place la région en avant-dernière position en France (moyenne nationale + 1,64%) et au 183e rang

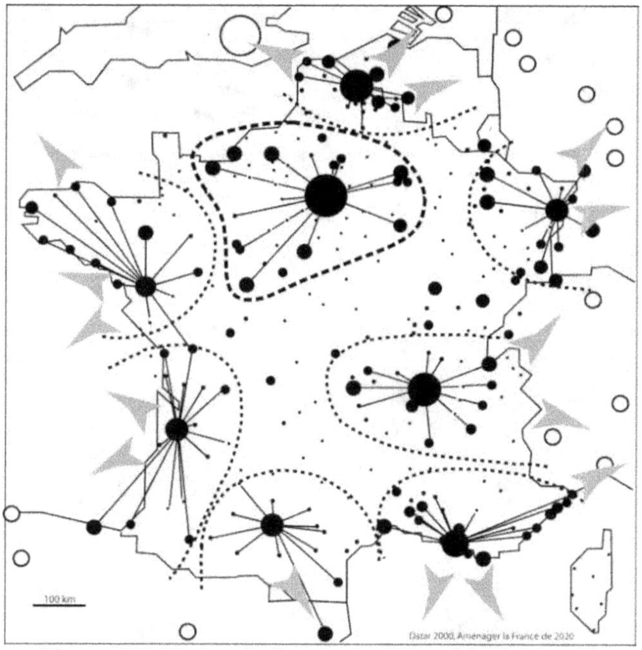

Figure 28. Datar, Scénario 1 : “l’archipel éclaté”

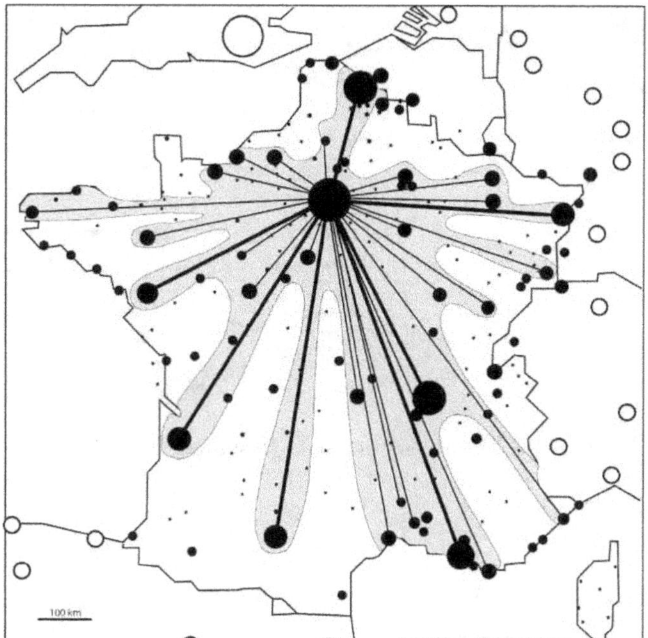

Figure 29. Datar, Scénario 2 : “le centralisme rénové”

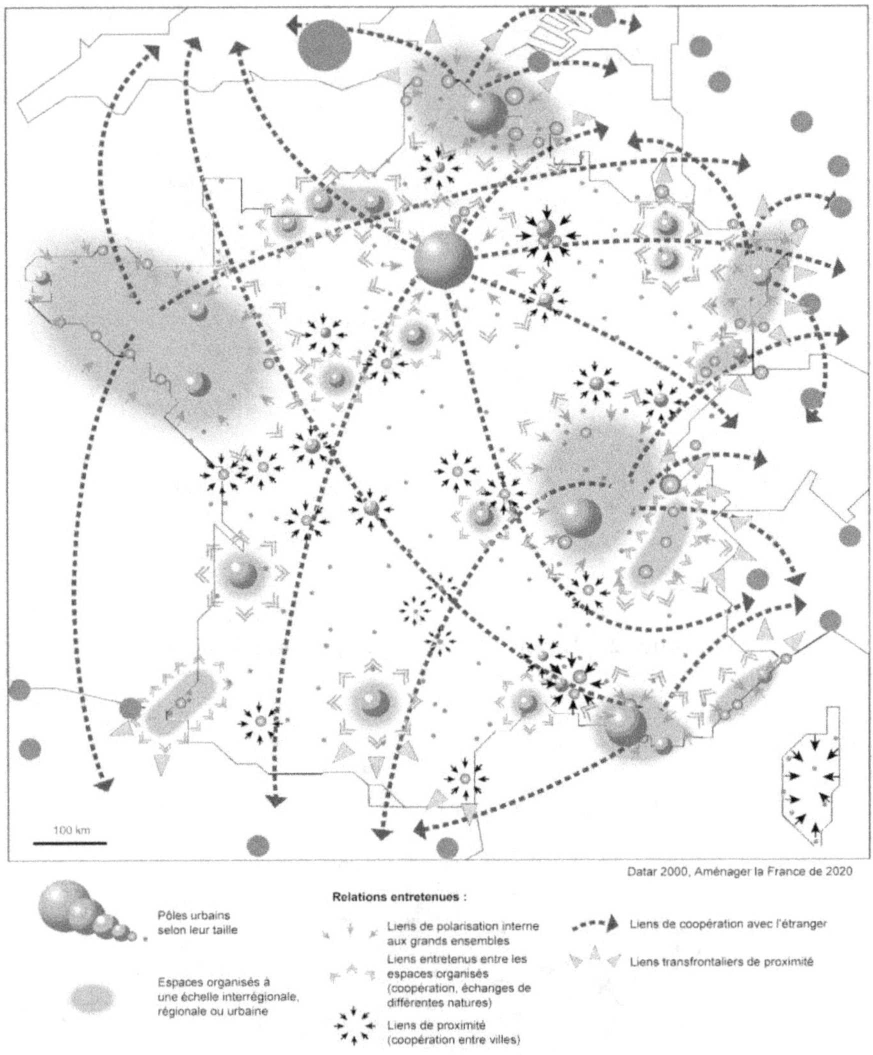

Figure 30. Datar, Scénario 3 : “Le local différencié”

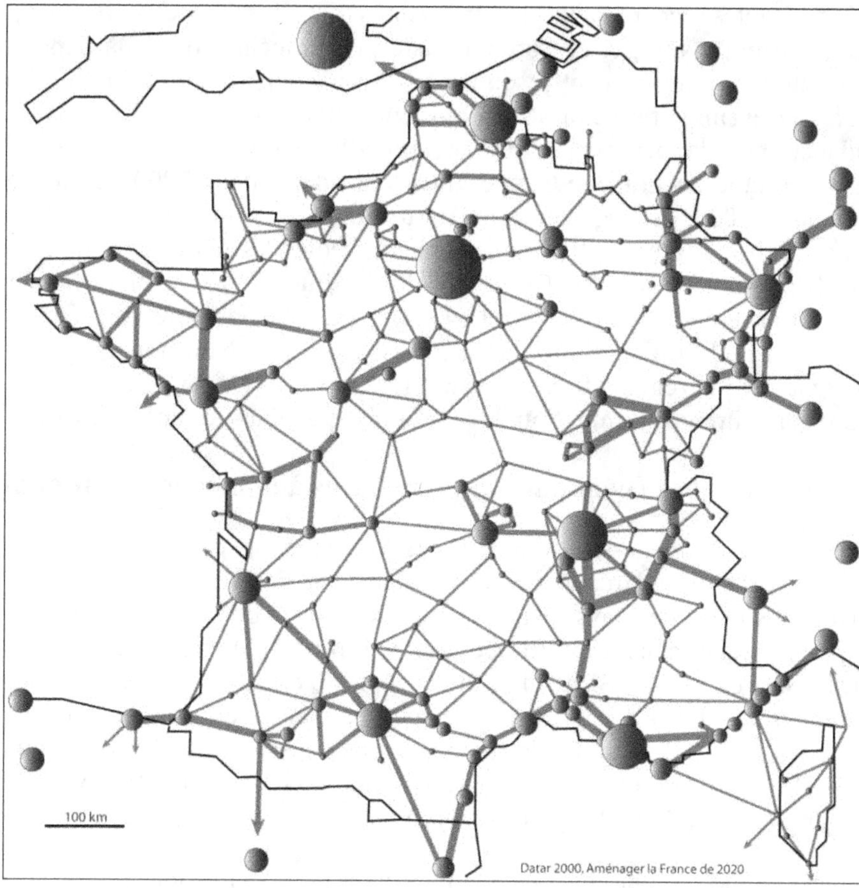

Figure 31. Datar, Scénario 4 : “ le polycentrisme maillé ”

en Europe (moyenne +1,05). Le solde migratoire, très faible (+0,4%) ne comble pas le déficit naturel qui résulte à la fois d'une faible natalité et d'une forte mortalité. Celle-ci tient à une structure de la population plus âgée que celle de la France et de l'Europe, aggravée par l'arrivée de nombreux seniors qui viennent s'y installer pour leur retraite. La population comtoise, quant à elle, continue d'augmenter (+0,34%) malgré un solde migratoire négatif (-1,2%) mais grâce à un solde naturel positif dû à un taux de natalité resté relativement élevé (13,0 pour 1 000) et à un taux de mortalité assez bas (8,8), la population étant plutôt jeune à l'échelle européenne. L'association Bourgogne/Franche-Comté aboutirait cependant à un déficit migratoire supérieur au solde naturel car de nombreux jeunes des deux régions vont chercher ailleurs un emploi. La population de l'ensemble aurait donc tendance à diminuer.

Plus inquiétantes encore, sont les prévisions de l'Insee : selon un scénario moyen (ni trop pessimiste, ni trop optimiste), en Franche-Comté, la population devrait augmenter légèrement jusqu'en 2010, puis stagner entre 2010 et 2015, pour baisser ensuite et revenir à la population actuelle en 2030. En Bourgogne, la tendance serait la même, mais la population diminuerait dès 2010 pour arriver en 2030, comme en Franche-Comté, au niveau de l'année 2000. Localement, entre 2000 et 2020, de larges portions du territoire verraient leur population ou diminuer ou ne progresser que modestement ; seules les régions contiguës à la Suisse (Haut-Doubs) ou qui profitent de l'influence parisienne (Sénonais, Auxerrois) progresseraient de plus de 4% (*fig. 32)*. Les deux régions font ainsi partie, avec la Lorraine, la Champagne-Ardenne, le Nord-Pas-de-Calais et l'Auvergne des six régions françaises de l'Est (hors Alsace) et du Massif central qui vont connaître une diminution de leur population dans les années 2010.

Des dynamiques économiques inférieures à la moyenne nationale

La production de richesses n'atteint pas la moyenne européenne. Celle-ci, mesurée en SPA (Standards de Pouvoir d'Achat, monnaie fictive permettant des comparaisons entre des pays de niveaux économiques différents) atteint 22 491 SPA par habitant dans l'ex-Europe des Quinze. Et donc, avec un Produit Intérieur Brut de 19 804 SPA, «la Franche-Comté est devancée par six régions européennes sur dix. La Bourgogne occupe une place médiane avec un PIB de 20 955 SPA » [67]. L'ensemble des deux régions « aurait un PIB par habitant de 20 483 SPA. Elle se classerait à la 110e place des régions européennes et légèrement en deçà du PIB régional moyen en Europe ». [67]

Les investissements sont également inférieurs à la moyenne européenne. Selon la même étude de l'Insee, pour la Formation Brute de Capital Fixe (investissements réalisés par les entreprises, les ménages et les administrations, hors publicité et recherche), la Bourgogne avec des investissements équivalents à 19,3% des richesses produites et la Franche-Comté avec 19,6% se situent un peu en dessous de la moyenne européenne (20,8%). Les demandes de brevets, qui correspondent à des investissements immatériels, vont dans le même sens : « avec respectivement 1,0 (Bourgogne) et 1,61 (Franche-Comté) demandes de brevets pour 10 000 habitants, contre 1,91 dans l'Union des Quinze », les deux régions apparaissent en dessous de la moyenne, à cette différence près toutefois que la Franche-Comté, plus industrielle « tient une place intermédiaire parmi les régions de la même taille qu'elle (alors) que la Bourgogne est légèrement en retrait. L'ensemble Bourgogne/Franche-Comté demanderait 1,25 brevets pour 10 000 habitants et occuperait une position intermédiaire parmi les régions de population équivalente ». [67]

Dans ces conditions, on comprend que les salaires moyens soient relativement moins élevés qu'en France : les deux régions viennent en 16e (Bourgogne) et

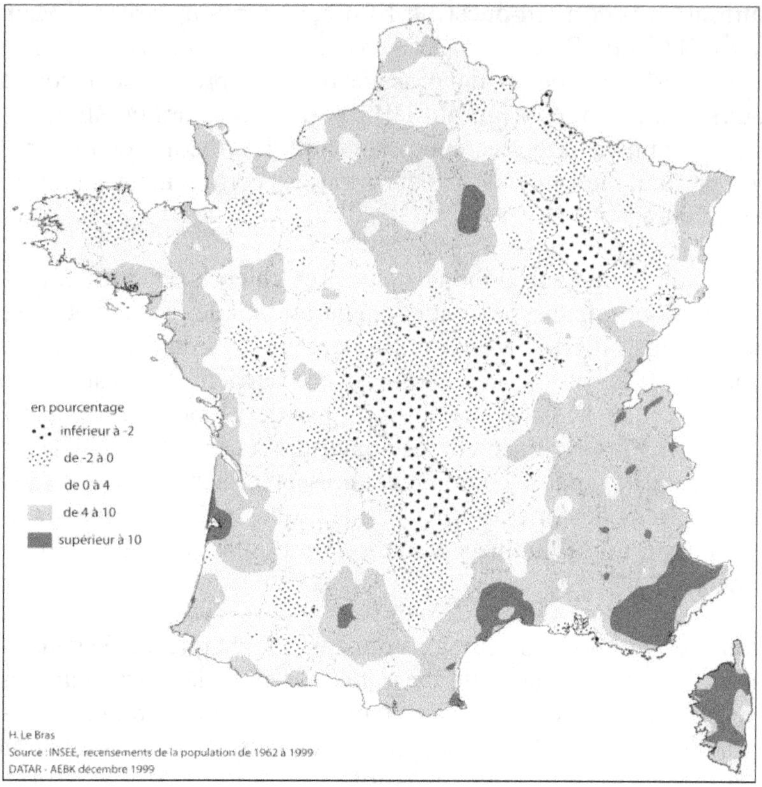

Figure 32. La croissance démographique (2000 - 2020)

17e (Franche-Comté) positions pour le salaire net moyen annuel, salaire inférieur de 12 à 13% à la moyenne nationale.

Deux situations géographiques contrastées

La situation de chacune des deux régions, c'est-à-dire sa position par rapport aux régions voisines ou lointaines, diffère sensiblement, comme l'analyse du territoire menée au début de l'ouvrage pouvait le faire penser. Certes, les situations ont pu varier historiquement, on le verra, en fonction de l'évolution des territoires voisins, mais aujourd'hui les deux régions présentent des situations contrastées par rapport au territoire national et international.

La Bourgogne, « région de passages »

Le couloir de la Saône, détenu pour l'essentiel par la Bourgogne s'ouvre, on le sait, dans plusieurs directions : vers le nord sur l'Allemagne et les pays scandinaves, et aussi vers l'ouest et le nord-ouest, permettant ainsi les relations entre la Méditerranée et, d'une part, les pays de la Loire et l'Atlantique, d'autre part et surtout, vers le nord-ouest de l'Europe : Bassin parisien, Manche, Iles britanniques, Benelux. En conséquence, comme de nombreux auteurs l'ont noté, la Bourgogne est une région de passage ou plus précisément comme le dit J.J. Bavoux, « de passages » (au pluriel) puisque plusieurs possibilités existent, utilisées différemment selon les époques : la région reçoit notamment le « flux Paris-Lyon par une multitude d'affluents dont les confluents instables s'alignent de Dijon à Lyon ». [3]

Gaston Roupnel, géographe dijonnais autrefois célèbre pour ses études rurales, écrivait : « La Bourgogne est essentiellement un lieu de passage et de rencontre. Elle unit bien plus qu'elle ne sépare. Elle est un pays de routes, une région de voies humaines. Elle est tout le contraire d'une barrière. Et c'est la nature qui a donné le thème que l'histoire et la politique développeront humainement et glorieusement ». Plus lyriquement, Roupnel ajoutait : « là se fit la réunion et l'harmonie de deux génies, complémentaires et dissemblables, de l'Occident. Du Nord arrivèrent de fortes influences, les races graves et méthodiques ; du Midi s'en vinrent, tout illuminées de grâce les riantes influences du libre génie méditerranéen » ! [12]

Les millions de voitures et de camions qui passent chaque année dans ce couloir disent assez l'importance actuelle du trafic. En effet, la Bourgogne dispose du premier réseau autoroutier de France (environ 660 km) et du quatrième réseau de routes nationales (1 290 km), ce qui en fait une des plaques tournantes de l'isthme européen Manche-Mer du Nord/Méditerranée. L'A6, doublée par la RN6, véritable colonne vertébrale du réseau, voit passer en moyenne entre Beaune et Mâcon 60 000 véhicules/jour (dont un quart de camions), plus de 100 000 en été et, au total, plus de 20 millions de véhicules par an. Sur cet axe se greffent l'A31, venue du nord (25 000 véhicules/jour avec une prévision de croissance de moitié d'ici 2015), l'A39, doublure orientale de l'A6, mais largement située en Franche-Comté.

La Bourgogne est également la première région française par le nombre de kilomètres de voies ferrées électrifiées par habitant (1000 km au total), la colonne vertébrale du système restant ici la ligne PLM (Paris-Lyon-Marseille) essentielle pour les marchandises : 100 à 200 trains par jour selon les sections, avec la deuxième gare de triage de France à Gevrey-Chambertin. Sur cet axe se greffent des lignes vers la Suisse, Nancy et l'Allemagne, l'Italie et, localement vers Nevers, Moulins et Troyes. Il est vrai que la position de la région, et particulièrement de Dijon, s'est un peu dégradée avec la création de la ligne TGV Paris-Lyon directe qui n'intéresse, et assez marginalement, que Montchanin et Mâcon. Toutefois, des rames TGV relient Dijon et Chalon-sur-Saône à Paris et la LGV Rhin-Rhône, en cours de construction, redonnera à Dijon une situation plus centrale.

Enfin la Bourgogne, avec 1 050 km de voies navigables, est en principe la plus « mouillée » de France, mais on sait que seule la Saône, mise au grand gabarit (convois de 4 000 t.) compte vraiment et localise deux ports importants (Chalon-sur-Saône et Mâcon). Le reste du réseau, au gabarit de 250 t., coupé de nombreuses écluses, n'a plus qu'un intérêt touristique, non négligeable tout de même. Le projet de canal à grand gabarit Rhin-Rhône, qui avait la faveur des Bourguignons, étant abandonné, on reparle maintenant parfois d'un canal Saône-Moselle...

La Franche-Comté, région frontière

La Franche-Comté fait incontestablement figure de région beaucoup moins passagère que la Bourgogne, bloquée qu'elle est à la fois, on le sait, vers le nord par les Vosges et vers l'Est par le Jura et la frontière suisse. Son réseau d'autoroutes (A36, A39) est trois fois moins long que celui de sa voisine (220 km.) et son réseau ferré électrifié est plus court également (400 km.) mais, il est vrai, pour une surface inférieure de moitié. La région ne commande qu'un seul passage important qui, par la Porte d'Alsace, joint la Saône au Rhin et plus loin, à l'Allemagne rhénane et à l'Europe de l'Est. Sur cet axe, suivi par l'A36 (la Comtoise), la RN 73, la ligne SNCF classique et le canal traditionnel Rhin-Rhône, le trafic est équivalent à celui de l'A31 en Bourgogne (24 000 véhicules/jour) mais deux fois inférieur à celui de l'A6, toujours en Bourgogne. Outre que le passage traditionnel par une vallée du Doubs encaissée n'est pas facile (l'autoroute la quitte d'ailleurs pour un tracé plus direct sur le plateau), l'ouverture sur l'Alsace et les pays voisins n'équivaut pas pour la Franche-Comté, du moins aujourd'hui, au débouché sur l'Ile-de-France dont bénéficie la Bourgogne.

Toutefois, le trafic lointain, bloqué jusqu'en 1989 par le rideau de fer, s'est affirmé depuis que douze pays d'Europe de l'Est sont entrés dans l'Union Européenne. Il progresse rapidement, aussi bien sur l'A36 qui vient se connecter à l'A6 vers Beaune, que sur l'A39 qui fait office de doublure de l'A6 le long du Jura, mais il n'atteint pas encore l'équivalent de celui qui provient du Benelux et des Iles britanniques par exemple : les 9 000 véhicules de l'A39 et les 15 000 de l'A36 sont encore loin des 60 000 de l'A6 ou même des 25 000 de l'A31. La N19, qui par Vesoul et Lure gagne Belfort, connaît également une augmentation de son trafic grâce à sa connexion sur l'A31 au sud de Langres, mais reste secondaire.

Vers l'est et le sud-est, le Jura n'offre que deux passages, vers Pontarlier et Morez, difficiles tous les deux et, qui plus est, débouchant sur la Suisse. Or ce pays ne fait pas partie de l'Union Européenne (même s'il lui est lié par de nombreux accords) et n'a que bien peu de marchandises à exporter, étant donné le type de produits à haute valeur ajoutée et de faible poids qu'elle fabrique (montres, petites machines-outils, produits microtechniques) qui, le plus souvent, prennent la voie des airs ; en outre, sa non appartenance à l'Union Européenne lui permet de refuser le passage sur son territoire des gros camions qui peuplent nos autoroutes, comme on peut le constater en utilisant les autoroutes suisses ! La faiblesse du trafic vers le territoire helvétique est illustrée par le fait que la quatre voies qui mène de Besançon en Suisse est restée inachevée, preuve que sa réalisation n'apparaît guère urgente, au moins du côté français car, côté suisse, l'autoroute arrive à proximité de la frontière. La N5, en direction de Genève, qui a bénéficié de l'ouverture de l'A39, ne connaît encore, elle aussi, qu'un trafic modeste.

Deux économies différentes mais en voie de rapprochement

La Bourgogne reste encore à la fois un peu plus agricole, moins industrielle et plus tertiaire que la Franche-Comté. Mais les économies des deux régions, longtemps très dissemblables, tendent à se rapprocher.

Une agriculture bourguignonne plus diversifiée et plus rémunératrice

La part de l'agriculture dans l'emploi total est devenue partout marginale en terme d'emploi, mais elle reste, en Bourgogne, presque deux fois supérieure à celle de la Franche-Comté (5,6% contre 3,5%). Au-delà de cet écart, c'est la nature même de cette activité qui s'avère différente. La production végétale, secondaire en Franche-Comté (21% de la valeur totale) est capitale en Bourgogne (65%). En effet, l'agriculture comtoise ne dispose de terres aisément cultivables que dans la petite partie du Fossé bressan qui lui appartient (Finage, plaine de Gray) et sur les bas plateaux de Haute-Saône, alors que toute la moitié septentrionale de la région bourguignonne en détient de vastes surfaces (Plaine dijonnaise, Châtillonnais, bas plateaux de l'Yonne).

Différence également considérable dans la nature des productions végétales. La Bourgogne, qui figure parmi les grandes régions françaises productrices de céréales, d'oléagineux et de betteraves à sucre, est connue surtout, on le sait, par son vignoble dont le poids apparaît sans commune mesure dans l'une et l'autre régions. Le modeste vignoble jurassien ne peut se comparer à son homologue bourguignon, ni en surface (2 200 ha, contre 30 000), ni en production (74 000 hl, contre 1 900 000), ni en pourcentage dans la valeur de la production agricole totale (1% contre 30%) ni en notoriété ; quant à la qualité, évidemment les avis divergent selon que l'on est comtois ou bourguignon !

Les deux régions pratiquent également l'élevage bovin, mais alors que la moitié méridionale de la Bourgogne qui s'y consacre (Charollais, Morvan et ses dépressions périphériques) produit de la viande, la chaîne du Jura fournit, quant à elle, lait et fromages. Les échanges agricoles entre les deux régions sont donc extrêmement faibles : tout au plus voit-on la paille bourguignonne livrée sur les hauts plateaux et la chaîne du Jura. Dans ces conditions, renforcé par la vigne et la grande culture, le revenu agricole de l'agriculteur bourguignon dépasse en moyenne de 45% celui de son collègue comtois.

Une Franche-Comté qui se désindustrialise plus vite que la Bourgogne

Traditionnellement, la Franche-Comté est considérée comme plus industrielle que sa voisine. Elle le reste, puisqu'elle est encore la première région française par le poids de la main-d'oeuvre industrielle dans le total des emplois (24,1% contre 18,6% en Bourgogne) et par l'importance de la valeur ajoutée par cette activité (36% contre 26% en Bourgogne). Toutefois l'écart entre le pourcentage de la main-d'œuvre totale employée dans l'industrie en Franche-Comté et en Bourgogne diminue : il était de 14% en 1975, il n'est plus que de 5,5%. En effet, la crise économique de 1974 a plus touché l'industrie comtoise que bourguignonne, celle-ci étant plus diversifiée : par exemple, sur le site Peugeot de Sochaux, l'emploi est passé de 40 000 salariés à 13 000 aujourd'hui, et Besançon a connu une désindustrialisation dramatique depuis les années 1970 (-13 000 emplois), avec la disparition de grands établissements comme Lip, Rhodiaceta, Kelton. La crise actuelle, qui touche particulièrement l'automobile, risque de concerner à nouveau plus la Franche-Comté que la Bourgogne.

Fruit de l'histoire, la structure industrielle reste fort éloignée dans les deux régions. La Franche-Comté dispose de fortes spécialités, souvent très anciennes : horlogerie et micromécanique, lunetterie, automobile et deux roues, construction mécanique, construction électrique et électronique, plastiques, chimie (Solvay à Tavaux), transformation du lait. Des entreprises de grande taille dominent l'activité industrielle, comme Alstom à Belfort et surtout Peugeot dans le Pays de Montbéliard qui occupe encore 13 000 salariés sur le site de Sochaux, sans compter les sous-traitants et activités annexes (cycles, motos). Le secteur automobile occupe à lui seul 24% de la main-d'œuvre comtoise, assure 29% des investissements et réalise près de la moitié des exportations (47%) : on dit que lorsque Peugeot s'enrhume, le Pays de Montbéliard, et même la Franche-Comté, toussent !

Cette industrie est concentrée dans quelques régions essentielles : Belfort-Montbéliard (Alstom, Peugeot et ses sous-traitants) de loin la plus importante, Besançon (microtechniques, découpage), Dole-Tavaux (chimie avec Solvay), et des régions d'industries diffuses : Dépression sous-vosgienne (textile, bois), Haut-Doubs (horlogerie), Morez (lunetterie), Oyonnax (plastique) ville située dans l'Ain mais qui emploie des Comtois. Enfin, la région dispose d'un potentiel d'emplois dans la Suisse voisine ! En effet, 15 000 Comtois vont travailler tous les jours dans le pays voisin, une majorité dans l'industrie.

L'industrie bourguignonne, quant à elle, est généralement plus récente, plus dispersée et plus urbaine. Si la tradition industrielle est séculaire dans la région du Creusot et dans la vallée de la Loire (métallurgie) et à Dijon (agroalimentaire), une bonne partie de l'activité récente est issue des décentralisations industrielles de l'après-guerre, notamment dans l'Yonne (Sens, Auxerre) et dans les agglomérations dijonnaise (Hoover, Thomson, Philips) et chalonnaise (Kodak, Saint-Gobain). L'industrie est donc plus urbaine et plus dispersée. Dijon, malgré sa réputation de ville tertiaire, représente le premier centre industriel bourguignon (20 000 salariés), précédant même l'ensemble Chalon-sur-Saône/le Creusot/Montceau-les-Mines. Les entreprises sont en moyenne plus modestes et plus souvent dominées par des capitaux étrangers qu'en Franche-Comté.

Cette industrie bourguignonne, de type fordiste puisque forte utilisatrice de main-d'œuvre faiblement qualifiée a souffert et souffre encore des délocalisations vers des pays à bas coûts de main-d'œuvre qui se traduisent par des fermetures d'établissements (Hoover, Kodak) ou des réductions d'effectifs (Thomson, Philips). Les échanges industriels entre les deux régions sont très limités : Peugeot dispose encore de sous-traitants dans l'Yonne, mais a vendu son usine de Dijon à une entreprise japonaise.

Une Franche-Comté qui rattrape son retard dans le secteur tertiaire

Le secteur tertiaire (commerce, transports, services) est sensiblement plus lourd en Bourgogne (69% des emplois totaux) qu'en Franche-Comté (66%) tout en restant inférieur à la moyenne nationale (71%). En effet, la sous-urbanisation des deux régions, la concurrence de Paris et de Lyon qui s'exerce fortement en Bourgogne et le poids de l'industrie en Franche-Comté (Montbéliard est une des agglomérations françaises les plus sous-tertiarisées) limitent la place du tertiaire. Un sérieux rattrapage s'est tout de même produit dans les deux régions au cours des trente dernières années : en 1975, les emplois tertiaires n'atteignaient que 48% du total en Bourgogne et beaucoup moins encore en Franche-Comté (39%), une des régions françaises alors les plus mal pourvues. La progression plus rapide du tertiaire comtois lui a permis de reprendre une partie de son retard sur sa voisine, puisque l'on est passé d'un écart de 9 points en 1975, à environ 3 aujourd'hui.

La Bourgogne garde donc encore une meilleure position, surtout si l'on se réfère à ce que l'on appelle les emplois métropolitains supérieurs, c'est-à-dire ceux qui, dans le tertiaire, correspondent à « des professions hautement qualifiées, de type cadre ou ingénieur dont le contenu décisionnel est élevé ou qui contribuent à l'image de marque de la ville où elles s'exercent : cadres de la banque, du commerce de gros, du commercial industriel, de la gestion, de l'information, de l'informatique, des télécommunications, des services aux entreprises ». [68] Cette étude de l'Insee montre que, malgré un rattrapage rapide (+ 20% en Franche-Comté, +15% en Bourgogne entre 1975 et 1999), les deux régions se positionnent, avec moins de 5% de la main-d'oeuvre totale dans les emplois métropolitains, loin de la moyenne nationale (environ 8%) et au-dessous de la moyenne des régions (hors Paris) : 5,6%. Toutefois, l'aire urbaine de Dijon comptant 10 500 emplois de ce type, contre 5 680 à Besançon, le pouvoir de commandement de la capitale bourguignonne dépasse nettement celui de Besançon ; sa progression plus rapide au cours des dernières années augmente encore l'écart, la capitale comtoise se trouvant concurrencée par Belfort et Montbéliard, principales bénéficiaires du rattrapage régional. Les échanges de compétences entre les deux régions compensent un peu ce déséquilibre puisque « la région qui envoie le plus d'actifs occuper un emploi métropolitain supérieur dans l'aire de Dijon est la Franche-Comté ». En sens inverse, « c'est la Bourgogne qui envoie le plus d'actifs occuper de tels postes dans l'aire de Besançon ». [68]

Autre différence de structure entre les capitales régionales : « le poids de la fonction transport est deux fois plus important dans l'aire urbaine de Dijon, du fait de la présence de la direction régionale de la SNCF et de la SAPRR » [67], comme quoi l'effet de la bataille du rail perdue par Besançon pèse encore sur l'économie de la ville ! En revanche, « les services aux entreprises sont nettement plus présents dans l'aire urbaine de Besançon ». [67] Ainsi, la structure des emplois dans les deux capitales apparaît, dans une certaine mesure, comme le reflet des orientations économiques des deux régions.

Dans ces conditions, malgré une large frontière commune, les échanges de main-d'œuvre entre les deux régions restent modestes. Les Bourguignons qui quittent quotidiennement leur région pour aller travailler ailleurs (33 000) vont plus vers l'Île-de-France (un tiers) et vers Rhône-Alpes (plus du quart) que vers la Franche-Comté ; leurs homologues comtois (29 000) vont plus en Suisse (45%) et en Alsace (14%) qu'en Bourgogne : on reconnaît là les attractions différentes subies par les deux régions. De même, les deux universités, dont le tiers environ d'étudiants potentiels s'inscrivent ailleurs, échangent peu entre elles, du moins en terme d'étudiants : environ 1 000 Comtois sont inscrits à Dijon et 700 Bourguignons à Besançon.

Des structures sociales qui s'homogénéisent

Les disparités socioéconomiques entre les deux régions ayant tendance à s'atténuer depuis une trentaine d'années, du fait notamment de la désindustrialisation de l'emploi comtois, il apparaît logique que la structure de leurs catégories socioprofessionnelles tende à se ressembler, comme en fait foi le tableau suivant.

	Bourgogne	Franche-Comté
Agriculteurs exploitants (1)	3,6	2,5
Artisans, commerçants	6,2	5,7
Cadres supérieurs	10,4	11,2
Cadres moyens	22,8	23,3
Employés	28,8	27,3
Ouvriers	28,2	30,0
Total	100,0	100,0

(1) Il s'agit ici uniquement des exploitants et non de l'ensemble des agriculteurs

Les catégories socioprofessionnelles en Bourgogne et Franche-Comté en 2006

Désormais, les écarts entre les catégories socioprofessionnelles sont minimes. Le pourcentage des employés, traditionnellement plus fort en Bourgogne qu'en Franche-Comté, tend à s'égaliser puisque l'écart est passé de 2,6 à 1,5%. L'évolution du pourcentage des ouvriers suit le même schéma : la différence entre les deux régions, qui atteignait 3,4% en faveur de la Franche-Comté, n'est plus que 1,8%. Entre les autres catégories les écarts sont désormais très modestes. Les profils sociaux des deux régions ne sont donc plus fondamentalement dissemblables.

***

Bourgogne et Franche-Comté, longtemps très différentes l'une de l'autre et le restant en partie, se rapprochent donc insensiblement et sont confrontées aux mêmes problèmes : population peu nombreuse et peu dynamique, urbanisation modeste, forte attraction de grands pôles périphériques. Cette lente convergence et la prise de conscience de leur faiblesse vis-à-vis de puissantes voisines vont contribuer à un rapprochement que rien, ou presque, ne laissait présager jusque là.

De la méconnaissance à la reconnaissance (1990-2009)

Alors que le bilan des rapports Bourgogne/Franche-Comté avait été plutôt négatif dans les années 1980, comme on l'a vu précédemment, la décennie 1990 et, plus encore le nouveau millénaire inaugurent une nouvelle ère dans ces relations. On voit fleurir en effet, au cours de cette période, des initiatives publiques et privées aboutissant à des rapprochements, parfois spectaculaires, entre les deux régions et les deux capitales. Dans le domaine public, il faut souligner d'abord le rôle précurseur des deux Conseils Economiques et Sociaux.

Le rapprochement des Conseils Economiques et Sociaux depuis 1990

Assemblées de réflexion, moins politisées que les Conseils Régionaux, les CESR (Conseils Economiques et Sociaux) disposent de larges possibilités d'aborder des sujets divers, et ne s'en privent pas. Or il se trouve que deux personnalités, persuadées de l'intérêt d'une collaboration entre Bourgogne et Franche-Comté, ont incité les deux CESR à prendre des contacts avec leurs voisins respectifs. Il s'agit de Pierre Bodineau, Président du CESR de Bourgogne entre 1985 et 2004, qui a bien voulu me transmettre des notes manuscrites et des extraits de presse sur les relations entre les deux CESR depuis 1990, et de Thimothée Franck, son homologue comtois. Les premiers contacts ont été pris dans le domaine universitaire en 1985, mais deux périodes ont été particulièrement actives.

1990-1992 : Les premières avancées

En 1990, les deux CESR décident de travailler ensemble sur l'Enseignement Supérieur et sur les communications. Sur le premier thème, deux groupes de travail sont mis en place, à Besançon et Dijon, pour comparer les potentiels des deux régions et rechercher des complémentarités. Des rencontres ont lieu avec les Présidents d'Universités et les directeurs d'UFR (Facultés) à Dole en 1990, portant sur les doublons. Sur le second thème, on étudie les liaisons routières, autoroutières, ferroviaires et fluviales entre les deux régions ainsi qu'un possible conventionnement avec la SNCF. Les CESR souhaitent que les deux Conseils Régionaux (CR) signent une charte de coopération et le journal les Dépêches de Besançon, titre alors : Bourgogne-Franche-Comté : passage à l'acte interrégional. P. Bodineau déclare dans cet article : « on ne pourra pas faire l'économie d'un débat interrégional ». Les CESR travaillent en particulier sur la question récurrente d'un aéroport commun à Dole-Tavaux. Un rapport du CESR de Bourgogne évoque la question dès 1986, précisant que sa zone de chalandise atteindrait 700 000 habitants. Une réunion de travail se tient à l'aéroport de Tavaux et le vice-président du CESR de Bourgogne, après avoir affirmé : « la Bourgogne est vaste et peu peuplée (...) et ne peut prétendre à elle seule à un trafic international lointain qui suppose le million de passagers », (poursuit) : « nous pourrions peut-être tenter la chance d'un aéroport commun Bourgogne-Franche-Comté à Dole-Tavaux, une fois réalisée l'autoroute Dijon-Tavaux ».

En 1991, le préfet de Bourgogne, précédemment en Franche-Comté, lance un appel pour une nouvelle approche des relations entre les deux Régions. En 1992, le Président du Conseil Régional de Bourgogne demande au CESR un avis sur les restructurations administratives qui est discuté la même année. C'est aussi l'époque où la Datar lance ce qu'elle appelle alors les *Grands chantiers* et la Bourgogne, inquiète, constate qu'elle est partagée entre trois chantiers : le Grand Bassin parisien, le Grand Est et Saône-Rhône ... La Franche-Comté, partagée elle aussi entre deux chantiers, voit son CESR demander également une charte de coopération. Une étude est lancée sur les champs de coopération présents et à venir, en particulier la recherche et la culture.

En 1992, la Bourgogne, qui avait cru pouvoir coopérer dans le cadre du Grand Est (Lorraine, Champagne-Ardenne, Franche-Comté, Alsace), déchante : l'Association qui le pilote n'est guère prise au sérieux par le Président du CESR de Bourgogne qui affirme « qu'elle ne fait de mal à personne (avec) son mode de fonctionnement inadapté ». Le Journal de Saône-et-Loire titre alors : « la Bourgogne tourne le dos au Grand Est mais en pince pour la Franche-Comté » ; l'article poursuit : « on sent bien qu'aujourd'hui il vaut mieux, de Dijon, se contenter de regarder vers la seule Franche-Comté » et que « l'Alsace n'a pas les mêmes problèmes que la Bourgogne (...). L'axe Dijon-Besançon sera privilégié ». Les deux CESR définissent donc des projets communs possibles, particulièrement dans les transports, l'enseignement supérieur et la recherche, la culture, la santé et incitent les Chambres de Commerce et d'Industrie à coopérer davantage. Le Bien Public de Dijon titre alors sur « Bourgogne-Franche-Comté : vers un mariage de raison : c'est le souhait des Comités Economiques et Sociaux des anciennes sœurs ennemies » *(doc. 13)*. L'article du même journal développe : « il est temps de démythifier les vieilles rivalités (...). Il est impensable d'avoir des structures identiques dans deux régions voisines. Ainsi, même si le poids du passé se fait toujours sentir, la Bourgogne et la Franche-Comté, qui souffrent d'une antinomie ancestrale, doivent s'entendre ». L'Est Républicain, de Besançon, titre également : « Quand la Bourgogne et la

Bourgogne - Franche-Comté : vers un mariage de raison

C'est le souhait des comités économiques et sociaux des « anciennes sœurs ennemies »

« Il est impensable d'avoir des structures identiques dans deux régions voisines. Ainsi, même si le poids du passé se fait toujours sentir, la Bourgogne et la Franche-Comté, qui souffrent d'une antinomie ancestrale, doivent s'entendre. »

C'est en ces termes que M. Thimothée Franck, président du Conseil économique et social de Franche-Comté, a ouvert la conférence de presse qui s'est tenue jeudi dans les locaux du conseil régional de cette même région. De fait, nous sommes condamnés à nous entendre, au sens positif du terme, renchérit de son côté son homologue bourguignon, Pierre Bodineau.

Le discours n'est, il est vrai, pas tout à fait nouveau de la part des conseils économiques et sociaux mais il est, en quelque sorte, temps « d'enfoncer le clou ».

Depuis plusieurs mois, les deux conseils économiques et sociaux régionaux de Bourgogne et de Franche-Comté plaident en effet pour un rapprochement de leurs deux régions. Les premiers contacts datent même de 1985 et se sont concrétisés notamment dans le domaine universitaire, « universités qui se développent sans se faire de l'ombre, sinon même en se confortant », devait dire M. Franck.

L'objectif des comités économiques et sociaux est de poursuivre en ce sens en développant des actions de collaborations, non pas tous azimuts mais, « ciblées et volontaires » pour reprendre à nouveau le président Franck. Il n'est pas ici question de collaboration exclusive et encore moins d'amalgame mais seulement de pragmatisme.

Concrètement, les deux CES entendent avant tout bien cerner la question en peaufinant leurs études sur l'importance respective de deux régions et sur le poids de la mise en commun de leurs moyens. Il est aussi question de réaliser un atlas rural tout en continuant à développer leurs travaux dans le domaine des transports, de la culture et de la politique culturelle, de la santé, de l'enseignement supérieur et de la recherche. A terme, cette collaboration pourrait ainsi être formalisée.

D'ici là, il faudra aussi « préparer les esprits », souligna M. Bodineau pour qui « il est plus que temps de démythifier les vieilles rivalités. » A ce sujet, M. Franck compte sur les médias pour jouer le rôle de catalyseur.

Jamais le club de la presse... Bourgogne - Franche-Comté, sous l'égide duquel s'est tenue cette conférence, n'avait aussi bien porté son nom...

X.C.

Le Bien Public, 1er mars 1992.

Document 13. Vers un mariage de raison (1992)

Franche-Comté s'aiment d'amour ... Unis pour le meilleur et pour le pire, les socio-professionnels des deux régions ne veulent pas entendre parler du pire. Analyse (romanesque) d'une idylle comme on n'en fait plus». Un texte commun est adopté par les deux CESR en octobre 1992, portant finalement sur l'enseignement supérieur et sur les communications.

1995-1998 : le redémarrage

Entre 1992 et 1995, on n'avance guère et c'est avec une nouvelle mandature qu'une dynamique reprend. En mars 1995, nouvelle réunion de travail des deux CESR sur les thèmes habituels (communications, enseignement supérieur et recherche) et quelques autres : culture scientifique et technique, aménagement du territoire, terroir. Un atlas rural de Bourgogne-Franche-Comté est mis en œuvre avec la collaboration de géographes de l'Université et de l'Insee. Un groupe de travail est chargé de faire des propositions d'actions communes en matière de recherche. Comme les conventions SNCF-Régions doivent être renouvelées en 1996, les CESR décident de se concerter à la fois sur la méthode de préparation et sur le contenu. Des Schémas régionaux des transports collectifs devant être prochainement élaborés, les deux CESR prévoient de réfléchir aux dessertes communes, au transport des étudiants et aux infrastructures à développer, comme les plates-formes multimodales (zone de connexion de plusieurs modes de transport). Dans le cadre de la préparation des Schémas régionaux de l'Enseignement supérieur, on projette d'actualiser les travaux précédents. En matière d'aménagement du territoire, les CESR proposent une expérimentation sur un territoire commun. Dans le domaine agricole, une réflexion sur la notion de terroir (produits AOC, labels) sera menée.

En 1996, le grand débat sur le Grand Canal Rhin-Rhône laisse toutefois apparaître de graves divergences entre Comtois et Bourguignons. Ces derniers sont plutôt pour, car le nouveau canal n'emprunte le territoire de leur région que sur 12 km..., alors que les premiers sont généralement tout à fait contre, le canal s'allongeant sur 160 km environ en Franche-Comté. Un journaliste écrit alors : « on a vu à quel point ceux qui rêvent ou qui ont rêvé d'une grande région Bourgogne-Franche-Comté sont d'incorrigibles optimistes ». L'année 1997, plutôt creuse, voit tout de même des Commissions des deux CESR se rencontrer à Tavaux.

En 1998, après l'abandon du Grand Canal qui met donc fin aux divergences, les bureaux des deux CESR se retrouvent à Beaune pour un débat sur plusieurs sujets : les liaisons ferroviaires (sud du TGV Rhin-Rhône, électrification de Mâcon-Genève), aériennes (plates formes aéroportuaires de Longvic et Dole-Tavaux) et fluviales (plates formes multimodales), ainsi que sur les territoires ruraux, l'espace Saône-Rhin et les équipements culturels existants. Sur ce dernier sujet, on s'interroge, dans les journaux locaux, sur la façon d'utiliser d'une façon partenariale ces équipements et on se pose par exemple les questions suivantes : « comment faire coïncider l'existence d'un auditorium à Dijon, avec un pôle d'art vocal et un orchestre de Besançon qui a le vent en poupe (...). Pourquoi ne pas réunir dans un même réseau les musées techniques des deux régions». On pense également à une éventuelle spécialisation des aéroports : les passagers à Dijon, le fret à Dole-Tavaux. Pendant tout ce temps, des contacts continuent à être pris avec les régions voisines dans le cadre du Grand Est ou en dehors.

Malgré toute la bonne volonté de certains membres des CESR, l'impression prévaut que l'on en reste surtout à la réflexion plutôt qu'à l'action. P. Bodineau estime que le relatif échec des projets communs tient à la compétition des deux régions sur certains secteurs, à l'existence de l'Association du Grand Est, qui disperse les efforts, à des intérêts divergents et à l'absence de relations personnelles entre les exécutifs des Conseils Régionaux.

C'est dans ce contexte plutôt pessimiste que, avec les premières années du nouveau millénaire, cèdent assez brusquement un certain nombre d'obstacles et que l'idée d'une collaboration plus étroite entre les deux régions reprend une vigueur inattendue.

Les « divines surprises » venues de la sphère publique (2005-2008)

Un nouvel environnement politique

Au niveau national, après une courte période de recentralisation, pendant laquelle l'Etat réduit les ressources propres des collectivités locales (celles qu'elles décident elles-mêmes) au profit de dotations décidées par l'Etat lui-même, l'idée d'un renforcement des pouvoirs régionaux refait surface. Après de longues concertations (des Assises des libertés locales se tiennent dans chaque région), la Constitution est révisée en 2003. Celle-ci précise que désormais l'organisation de la France est décentralisée et que les collectivités territoriales « ont vocation à prendre des décisions pour l'ensemble des compétences qui peuvent le mieux être prises à leur échelon ». [25] Comme le dit G.F. Dumont auquel j'ai emprunté cette citation, c'est implicitement reconnaître aux Régions le principe de subsidiarité qui est celui de l'Union Européenne.

Les Régions disposent désormais de pouvoirs non négligeables en matière d'aménagement du territoire (Contrats de plan Etat-Région, Schéma régional d'aménagement du territoire), de culture (enseignement de la musique, de la danse et de l'art dramatique, musées régionaux), d'environnement (Parcs Naturels Régionaux, Plan régional d'élimination des déchets industriels), d'enseignement (lycées, classes supérieures), de formation professionnelle, de sport (équipements sportifs des lycées, aides aux clubs), d'économie (coordination régionale des actions économiques, Comité régional du tourisme, aides aux entreprises), de transport ferroviaire régional. Ce renforcement de l'autonomie régionale ainsi que la récupération d'administrations bi-régionales autrefois implantées à Dijon semblent avoir rassuré les Comtois : ils estiment que, désormais, toute tentative de création d'une grande région Centre-Est est exclue, au moins à moyen terme. La Région Franche-Comté se sent donc maintenant en état de discuter à armes égales avec la Bourgogne.

Plus décisif encore, un renouvellement politique inattendu intervient en 2005. En effet, si les deux CESR avaient œuvré depuis longtemps à un rapprochement entre les deux Régions et leurs deux capitales, les responsables politiques, de couleur discordante, avaient plutôt freiné ou même parfois stoppé d'éventuelles possibilités de rapprochement, comme en fait foi le brusque abandon, sans raisons apparentes, de l'Atlas rural commun aux deux régions qui avait fait déjà l'objet de plusieurs réunions. L'arrivée au pouvoir d'acteurs de même couleur politique (de gauche), à la fois dans les deux Conseils régionaux et dans les deux capitales régionales, va créer le déclic qui semble avoir débloqué la situation et accéléré les rapprochements, symbolisés par un événement impensable jusque là.

Dijon notre ville n°177, janvier 2006.

Document 14. Dijon et Besançon, voisines jumelles et partenaires

« Dijon et Besançon, voisines, jumelles et partenaires »

En effet, dès 2005, les bulletins municipaux des deux villes insèrent un encart, portant un même texte de six pages, et titré : « Dijon et Besançon, voisines, jumelles et partenaires » (*doc. 14*). Mieux, les Conseils Régionaux sont associés à cette initiative puisque des interviews et des photos des deux présidents figurent dans la brochure. A propos des deux villes, on lit que « Besançon et Dijon sont trop proches pour s'ignorer et trop éloignées pour se fondre », formule percutante, mais qui résume assez bien la situation. Le texte poursuit : « au cœur d'un triangle Paris, Lyon, Strasbourg, elles ont choisi de travailler ensemble à un développement équilibré et durable. Parce qu'elles ont des atouts, parce qu'elles ont aussi des faiblesses, les deux cités ont des intérêts communs à défendre en lien avec les autres collectivités, au premier rang desquelles les deux Conseils Régionaux ». On y prône « un dialogue permanent au service du développement, celui des entreprises, des universités et de toutes les relations nouées au fil des ans. La géographie encourage à intensifier les relations ».

Dans cet encart, on souligne que 9 000 personnes franchissent chaque jour, dans les deux sens, la « frontière » entre Bourgogne et Franche-Comté, que 11 nouvelles liaisons quotidiennes par TER ont été créées et que le TGV Rhin-Rhône, prévu pour 2012 « bouleversera la nature des échanges entre les deux villes ». Côté culturel, on reconnaît que des dissymétries, héritages de l'histoire, existent entre les deux villes, mais on envisage trois domaines de collaboration : de grandes expositions communes dans les musées, un rassemblement des deux orchestres en formation symphonique sous la direction de leurs deux chefs (ce qui a déjà été réalisé en 2005) et des coproductions théâtrales (*photos. 4*).

Le Président du Conseil Régional de Franche-Comté rappelle, quant à lui, que « Besançon et Dijon, la Bourgogne et la Franche-Comté ont été trop longtemps concurrentes ; (or, aucune) n'a à elle seule la taille suffisante pour jouer un rôle majeur en Europe, dont elles sont pourtant un carrefour. Il est donc vital que les deux capitales régionales mutualisent leurs moyens et portent ensemble un véritable projet de développement commun », ce qui va évidemment très loin. Le même Président souligne que la coopération interrégionale, notamment avec la Bourgogne, est impérative au moment où les deux régions élaborent leurs schémas d'aménagement régional et de développement économique. Il propose une mutualisation des moyens pour aider les entreprises innovantes et estime que la création d'un pôle de recherche porté par les deux universités et la coopération prévue dans les pôles de compétitivité seront favorables au développement des deux régions.

Le Président du Conseil Régional de Bourgogne indique pour sa part que « les deux capitales régionales portent ensemble un vrai projet européen. Ensemble, elles ambitionnent de développer des services de niveau européen, que ce soit en matière de transport, de recherche et de technologie, de santé, de culture ou d'organisation économique ». Le Président insiste sur la priorité à donner à la collaboration interrégionale, à la réalisation de projets communs, par exemple en étendant à la Franche-Comté le pôle de compétitivité bourguignon « Vitagora » (recherche agrolimentaire) et en faisant participer la Bourgogne au pôle « Véhicule du futur ».

Enfin, le texte insiste sur les collaborations déjà existantes, notamment entre les deux CHRU (Centres Hospitaliers Régionaux Universitaires), soit dans le cadre du Grand Est (cancéropôle commun), soit dans un cadre bi-régional (greffe de cornée, de foie et de moelle osseuse à Besançon, de cœur à Dijon) ; un dossier médical partagé, bénéfique pour la continuité des soins, est envisagé. Collaboration également dans le cadre de certains laboratoires comme le Laboratoire Cnrs Théma (géographie), commun aux deux Universités depuis 1994.

Dijon notre ville n°207, novembre 2008.

Photos 4. Dijon, Besançon : compétition ou coopération ?

2006-2007 : une prospective du CESR pour 2012

En 2006, le Conseil Economique et social de Franche-Comté, reprenant ses efforts de rapprochement avec la région voisine, lance une étude (autosaisine) sur ce que pourrait être une collaboration entre les deux régions à l'horizon 2012. J'y reviendrai dans le chapitre suivant, à propos de l'avenir possible des relations entre les deux régions. Pour le présent, le CESR indique que « l'option retenue est celle d'une coopération tous azimuts, destinée à valoriser et renforcer les spécificités de chacune des deux régions, de telle sorte que l'autre en profite (...). Le parti pris de cette réflexion est de renforcer les complémentarités, conjuguer les points forts, rechercher les synergies à partir des atouts qui font la spécificité des deux régions. Chaque région peut y trouver son intérêt, sans préjudice pour l'autre, par une stratégie du gagnant-gagnant» (*CESR Franche-Comté*). [61]

Le CESR indique que le moment est favorable, avec la construction en cours de la LGV (Ligne à Grande Vitesse) Rhin-Rhône qui va rapprocher Montbéliard/Belfort et Besançon de Dijon, avec la création du Réseau Métropolitain Rhin-Rhône qui projette des liaisons ferroviaires cadencées entre Mulhouse et Chalon-sur-Saône, nouveautés qui « vont entraîner une accélération, une intensification et une démultiplication considérables des échanges sur l'axe structurant commun aux deux régions (...). Tous les secteurs d'activité sont concernés, de la formation à l'économie en passant par les transports, le tourisme, la culture et l'environnement ». [61] Une réunion commune des CESR de Franche-Comté et de Bourgogne, à Besançon, en février 2007, fait connaître les résultats de l'étude qui paraîtront officiellement sous forme de brochure en 2008.

Les premières collaborations concrètes entre les Conseils Régionaux et les capitales.

En 2008, mécontentes de la façon dont l'association du Grand Est les représentait à Bruxelles, car noyées au milieu de régions plus fortes et plus influentes, Franche-Comté et Bourgogne se sont unies au sein d'une nouvelle association, de façon à disposer d'une représentation commune plus lisible et plus efficace auprès de l'Union Européenne. Cette association, qui dispose d'un bureau à Bruxelles, se donne pour but de défendre et de promouvoir les intérêts francs-comtois et bourguignons dans l'Union, de faciliter les échanges entre l'échelon régional et européen et, notamment d'accompagner les porteurs de projet lors de la préparation et du suivi des demandes de financement communautaire. Elle se propose également d'aider les Conseils Régionaux eux-mêmes à initier des projets à vocation européenne, de suivre les politiques et les programmes européens de façon à informer les acteurs locaux des opportunités de financement, etc. Esquisse d'une visibilité commune vis-à-vis de l'extérieur qui pourrait se traduire sur d'autres thématiques, le tourisme par exemple, sujet sur lequel le CESR de Franche-Comté estime que les deux Comités régionaux du Tourisme « trouveraient avantage à faire désormais cause commune sur tous les marchés étrangers », en créant par exemple un portail internet commun.

Plus concrètement encore, Besançon et Dijon qui, toutes deux, accordent une importance vitale aux transports en commun (elles disposent l'une et l'autre des réseaux de bus reconnus parmi les plus performants de France), ont décidé de se doter d'un transport en commun en site propre, pour 2013 à Dijon (ce sera un tramway), plutôt 2014 à Besançon. Or, sous le titre révélateur « *Dijon Besançon, faire route ensemble* » un numéro de 2008 de la revue municipale *Dijon notre ville*, annonce que, « afin d'optimiser leur coût respectif, les deux agglomérations ont décidé de conclure une convention de groupement de commandes pour une mission d'ingénierie financière », collaboration impensable il y a quelques années. Les deux capitales régionales sont également au cœur d'un ensemble plus vaste, celui du Réseau Métropolitain Rhin-Rhône.

Le Réseau Métropolitain Rhin-Rhône

En 2003, l'Etat lance un appel à des coopérations métropolitaines, destinées à renforcer la collaboration des villes qui le désirent, de façon à améliorer la compétitivité des territoires français face à la concurrence européenne.[69] En 2004, cinq villes situées sur l'axe Rhin-Rhône, et notamment sur la future LGV, décident de monter un dossier pour présenter une candidature unique sous le nom de Réseau Métropolitain Rhin-Rhône : Dijon, Besançon, Montbéliard, Belfort, Mulhouse ; s'y joignent ensuite Chalon-sur-Saône, la Communauté urbaine du Creusot-Montceau-les-Mines, ainsi que Neuchâtel et l'agglomération trinationale de Bâle. Cette Métropole Rhin-Rhône, comme on l'appelle habituellement, s'étend donc de Mulhouse au Creusot ; elle compte ainsi un million d'habitants, minimum requis par l'Etat pour l'acceptation du dossier, et offre 350 000 emplois. Le dossier, rejeté une première fois par l'Etat, est finalement accepté en 2005, donnant ainsi au Réseau une place parmi les quinze métropoles retenues par la Diact (ex Datar) (*fig. 33*). Une association est créée la même année, alimentée par une taxe de 30 centimes par habitant et une équipe de projet se réunit tous les mois pour monter des programmes de collaboration. Les premières assises se sont tenues en 2007 pour lancer officiellement le projet (*doc. 15*).

L'idée consiste à renforcer, par une alliance des villes qui s'y localisent, l'axe Rhin-Rhône qui unit, au moins en théorie, deux axes européens majeurs (Londres-Marseille et Amsterdam-Milan). En effet, on constate que, sur ce segment qui réunit les deux axes, le trafic routier et autoroutier est beaucoup

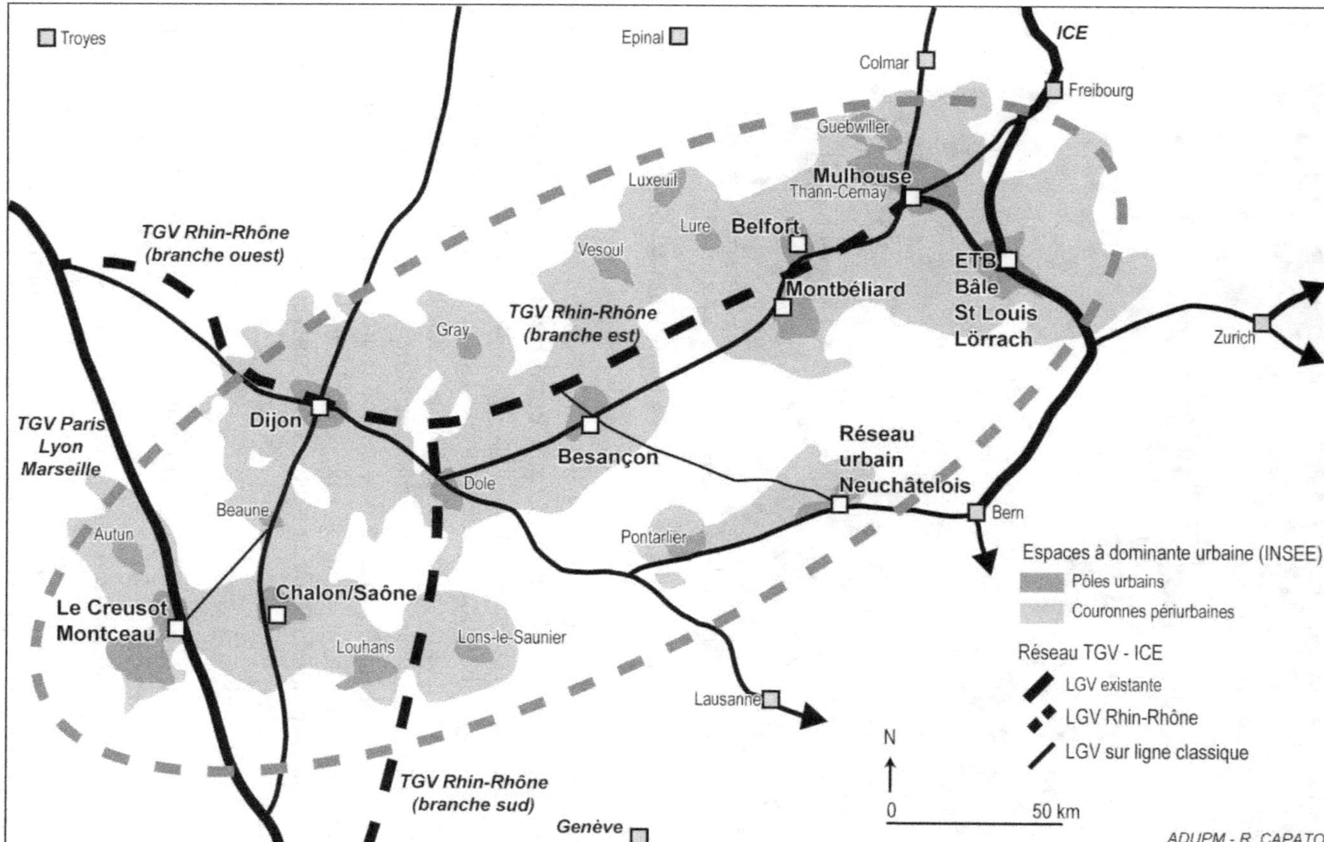

Figure 33. Le réseau métropolitain Rhin-Rhône

Le magazine d'information du Grand Besançon, novembre-décembre 2007

Document 15. An I de la Métropole Rhin-Rhône

plus faible qu'ailleurs, alors que les liaisons téléphoniques entre les villes de l'axe sont relativement importantes (sauf entre Belfort et Mulhouse). On voit donc là un indice de relations non négligeables entre ces villes, du moins entre des couples d'agglomérations (par exemple Besançon-Montbéliard/Belfort ou Besançon-Dijon) et une occasion de renforcer le trafic sur cette partie faible des axes. D'où l'idée de créer, grâce à une véritable coopération entre ces villes, « un système complexe où tout le monde collabore avec tout le monde » alors que, pour le moment, n'existent que « quelques prémices de coopération, notamment dans le domaine de la santé et de l'université. Les flux de transport et les relations économiques restent à développer et la culture demeure le seul domaine où tout reste à faire ». [69]

L'organisation des transports sera évidemment une priorité de la Métropole Rhin-Rhône, en particulier avec l'arrivée de la LGV, les projets de TER (Transports Express Régionaux) intercités à grande vitesse et cadence rapide ainsi qu'avec l'implantation d'infrastructures multimodales : un des objectifs est de pouvoir rallier l'ensemble des villes dans la demi-journée. Dijon et Besançon (dont le maire a été président du Réseau Métropolitain en 2007-2008), situées au cœur de ce dispositif, peuvent à la fois en tirer des bénéfices généraux et en profiter pour intensifier leurs relations, puisqu'elles ne seront qu'à une demi-heure de train. D'autant que les coopérations prévues dépassent de loin le seul domaine des transports : elles portent sur l'économie, le tourisme, la culture (une biennale culturelle est programmée pour 2010 sur le thème « *Territoire d'utopie et d'innovation* ») ; elles visent également les nouvelles technologies ainsi que la santé, la recherche et les universités. Mais il est vrai que, dans ces trois derniers domaines, la collaboration entre certaines agglomérations, Besançon et Dijon en l'occurrence, est déjà bien entamée.

Le pôle de recherche et d'enseignement supérieur « Bourgogne-Franche-Comté-Universités »

La collaboration entre les universités de Bourgogne et de Franche-Comté n'est pas nouvelle, mais elle avait été réalisée jusqu'ici dans quelques secteurs seulement, comme entre les Centres Hospitaliers Régionaux Universitaires qui avaient convenu de réaliser les greffes du foie à Besançon et celles du cœur-poumon à Dijon ou les laboratoires de géographie qui avaient fusionné en 1994.

Cette collaboration au coup par coup prend une nouvelle tournure en 2006 avec la recherche d'une collaboration plus globale, puis en mai 2007, avec la création officielle d'un Pôle de recherche et d'enseignement supérieur (PRES) destiné à organiser et à intensifier la coopération entre les deux universités. Le document préparatoire constate que, « avec la mise en place de l'espace européen de l'enseignement supérieur et de la recherche (avec, par exemple, la généralisation du système des LMD : Licence/Maîtrise/Doctorat), les synergies entre les deux institutions doivent renforcer leur niveau d'excellence (et atteindre) une masse critique ». Autre argument avancé « construire et développer dans cette partie de la France -entre Paris, Lyon-Grenoble et Strasbourg-Nancy- un ensemble de taille européenne qui garantisse aux étudiants des deux régions de poursuivre dans nos deux régions l'intégralité du parcours LMD et qui soit attractif pour les étudiants des autres régions et des pays étrangers » ; l'ensemble dispose en effet d'un potentiel de 50 000 étudiants, 2 500 enseignants-chercheurs, 1 800 personnels administratifs et techniques, 1 800 doctorants, une soixantaine de laboratoires labellisés CNRS. L'objectif dépasse d'ailleurs les seules universités locales, puisqu'il s'agit également de mieux s'articuler sur les universités du Grand Est et de la Suisse francophone avec laquelle des collaborations existent déjà sous la forme d'un réseau d'universités, le réseau *Cluse.* A terme, l'Université technologique de Belfort-Montbéliard, l'école de commerce de Dijon et les écoles d'ingénieurs non universitaires pourraient devenir membres du PRES.

En ce qui concerne l'enseignement, l'objectif est à la fois de consolider des disciplines menacées (lettres classiques, sciences exactes), de développer et moderniser l'enseignement des langues pour les non spécialistes, d'envisager des formations communes dans les licences et masters à petits effectifs, « de mettre en place des diplômes co-habilités, d'ouvrir un portail commun pour la formation continue, de définir des priorités scientifiques communes aux écoles doctorales, etc. ». Côté recherche, on vise à « élaborer un programme scientifique commun qui identifie le PRES dans le paysage de la recherche française, mais aussi dans l'espace européen ». Trois domaines de collaboration sont particulièrement visés : les sciences fondamentales (notamment un pôle matériaux/nucléaire), les sciences de la santé (biologie cellulaire et tissulaire, cancer) et les sciences humaines (programmes communs entre les deux Maisons des Sciences de l'Homme). Enfin, une harmonisation et une collaboration sont visées pour la valorisation de la recherche, l'orientation et l'insertion professionnelle des étudiants, les relations internationales, les services de documentation et les éditions universitaires. Application pratique et symbole de ces collaborations, les Conseils régionaux de Bourgogne et de Franche-Comté se sont engagés à mettre en place quatre navettes autoroutières par jour entre les deux campus.

Chaque université conserve son autonomie, mais est représentée dans le conseil de l'autre établissement ; un bureau commun, constitué paritairement, prépare les projets avant leur examen par les Conseils des deux Universités et se réunit au moins une fois par trimestre, alternativement à Besançon et à Dijon ; un directeur exécutif et un Conseil d'Orientation stratégique, comprenant des personnalités des collectivités territoriales, complètent un dispositif qui veille à assurer une parfaite égalité entre les deux universités. En ce qui concerne la formation initiale, sont prévues la co-habilitation de certains diplômes, la création d'écoles doctorales communes et la coordination de l'offre. Au niveau international, la collaboration interviendra pour l'accueil de chercheurs et d'étudiants étrangers ainsi que pour la promotion à l'étranger. Enfin, diverses actions sont prévues dans le cadre de la documentation (portail documentaire commun).

Des collaborations hors universités pour la recherche et la formation

Hors universités, des organismes de recherche collaborent déjà depuis quelques années. Le laboratoire INRA de Poligny est devenu une antenne du pôle INRA dijonnais. Les deux ENIL (Ecoles Nationales de l'Industrie Laitière) de Mamirolle et Poligny coopèrent avec les deux Ecoles Nationales de Dijon, l'ENESAD (Ecole Nationale d'Enseignement Supérieur Agronomique) et l'ENSBANA (Ecole Nationale Supérieure de Biologie Appliquée à la Nutrition et à l'Alimentation), elles-mêmes en voie de fusionner. La filière Comté s'est associée au pôle de compétitivité bourguignon Vitagora, spécialisé dans le goût et les industries alimentaires, autour de thèmes de recherche tels que la valorisation du lactosérum (petit lait), la biodiversité-qualité des prairies et le bénéfice santé des fromages au lait cru qui intéressent particulièrement l'élevage laitier comtois.

Du côté de la formation non-universitaire, « les deux régions ont convenu d'un partage des formations à effectifs très réduits ; (par exemple, dans le cadre des) Instituts régionaux du Travail Social, Besançon assure désormais (la formation) des infirmiers spécialisés et anesthésistes, et Dijon celle des cadres de santé ; (...) les métiers de l'animation et du sport sont aujourd'hui harmonisés de façon à constituer une filière complète et viable sur les deux régions ». [62] Dans le cadre de la formation professionnelle, une charte d'accueil vient d'être signée qui prévoit que le stagiaire qui se forme dans la région voisine bénéficiera des mêmes avantages, notamment pour l'hébergement et les transports, que dans sa propre région.

On garde donc l'impression que, au cours de ces dernières années, un vent nouveau s'est mis à souffler sur les relations entre les deux régions, avec une implication plus forte des responsables politiques. Dans la sphère parapublique ou privée, les coopérations donnent également l'impression de s'accélérer.

Des collaborations économiques renforcées

On l'a vu plus haut, ni les structures agricoles, ni les structures industrielles des deux régions ne poussaient à des collaborations et moins encore à des fusions entre des entreprises des deux régions. C'est donc du secteur tertiaire que sont venus les rapprochements. En dehors des fausses bi-régionalités que j'ai signalées précédemment (Société de Développement Centrest, Direction Interdépartementale de l'Industrie, syndicats divers), quelques organismes s'étaient déjà dotés d'une organisation couvrant véritablement les deux régions, comme la CRAM et FR3.

Quelques anticipations de rapprochement : la CRAM et FR3

La Caisse Régionale d'Assurance Maladie (CRAM), entreprise privée assurant un service public qui couvre les deux régions depuis 1946, est très certainement un des plus anciens services bi-régionaux vraiment fonctionnels. Rappelons que cet organisme assure le relevé des comptes retraites et le paiement de celles-ci pour les salariés ; elle recueille également les données sociales des entreprises et les transmet aux administrations concernées (impôts, Urssaf, Insee). Elle gère ainsi environ 400 000 retraités, 110 000 entreprises et 900 000 salariés et elle le fait, selon le CESR, « non seulement sans préjudice pour les assurés sociaux de Bourgogne et de Franche-Comté mais au bénéfice d'une capacité d'intervention accrue, dans une période où les déficits sociaux menacent chaque jour l'existence même de la solidarité organisée ». Il est toutefois vrai que la partie médico-sociale de la CRAM va, en 2009, quitter cet organisme pour relever désormais de chacune des deux régions …

Autre exemple, FR3 qui, depuis la création des télévisions régionales en 1965, couvre les deux régions. Le siège et le directeur général sont à Dijon, mais chaque région dispose d'une rédaction particulière et de matériels équivalents ; techniciens et journalistes peuvent travailler, en fonction des besoins, dans l'une ou l'autre station. Des émissions communes aux deux régions sont diffusées le samedi matin. Il semble donc qu'il y ait une symbiose assez réussie des deux stations.

Ces exemples de structuration bi-régionale, longtemps limités au secteur public ou parapublic, semblent gagner maintenant le secteur privé, et particulièrement celui des banques.

2002-2006 : quand les banques se marient !

Dans le début des années 2000, lorsque certaines banques locales ont éprouvé le besoin de se renforcer, elles se sont tout naturellement tournées vers les régions voisines, surtout lorsque l'histoire les avait rapprochées. En France, des fusions se sont ainsi réalisées entre les Caisses d'Epargne de Haute et de Basse Normandie, de Bretagne et des Pays de Loire, régions longtemps historiquement associées. Entre Franche-Comté et Bourgogne, régions qui avaient un temps porté le même nom, qui avaient été parfois unies au cours de l'histoire et dont certaines administrations avaient été si longtemps communes dans l'après-guerre, le rapprochement semblait aller de soi. Comme le note le dossier de presse de la Caisse d'Epargne, diffusé lors de la fusion, « la proximité géographique et économique naturelle des deux régions » les poussait à s'entendre, plutôt qu'avec la région lyonnaise, qui paraissait trop lourde pour une fusion équilibrée, ou avec la région lorraine, qui semblait plus éloignée. Depuis 2002, deux banques régionales de Bourgogne et de Franche-Comté ont donc fusionné : la Banque Populaire et les Caisses d'Epargne.

La Banque Populaire de Bourgogne, qui provenait elle-même de la fusion des banques départementales de Côte-d'Or, Nièvre et Yonne avait du mal à survivre, d'où l'idée de fusionner avec sa voisine comtoise, plus importante et qui avait connu une croissance régulière. Dans cette fusion, réalisée en 2002, c'est donc la banque comtoise qui, dans une certaine mesure, a absorbé la banque bourguignonne mais, depuis la fusion, un état-major mixte (50% de Comtois et 50% de Bourguignons) dirige l'ensemble, le Président étant d'origine comtoise, mais également directeur d'Eurogerm à Saint-Apollinaire… Par ailleurs, on a gardé deux centres de décision, l'un à Dijon, l'autre à Besançon.

Au dire de ses dirigeants, le bilan de la fusion semble globalement très positif pour la Banque Populaire au moins sous quatre aspects. Elle a pu attirer des compétences extérieures de haut niveau en expertise, ingénierie, gestion de portefeuille : de deux personnes, on est passé à six pour former une vraie cellule de travail, avec de meilleures évolutions de carrière. Elle a pu avoir un vrai projet de croissance puisque, depuis la fusion, une trentaine de nouvelles agences ont été ouvertes, dont une dizaine en Saône-et-Loire. Contrairement aux craintes exprimées dès le départ, il n'y a pas eu de compression de personnel, mais au contraire création d'environ 300 emplois, pour un emploi total de 1 900 personnes. Enfin, d'un point de vue bancaire, les deux régions se complètent. En effet les crises se ressentent plus vite en Franche-Comté industrielle qu'en Bourgogne plus tertiaire, mais elles y passent également plus rapidement : la Bourgogne compense donc la Franche-Comté quand survient la crise, et celle-ci compense celle-là au moment de la reprise.

Tout n'a pas été simple, car l'histoire des deux banques n'était pas la même (habitudes d'économie en Bourgogne, pas en Franche-Comté ...) et les tempéraments différents (des Comtois plus terriens, des Bourguignons plus ouverts m'a-t-on dit ...). Les temps de décision s'étant allongés, du fait de l'ajout d'un niveau supplémentaire, on a connu une période de flottement. Côté Comtois, l'installation du siège central à Dijon a été d'autant plus mal perçue que c'était en quelque sorte la Franche-Comté qui absorbait la Bourgogne et que d'inévitables problèmes personnels ont dû se poser, notamment pour les salariés qui ont dû se délocaliser. Toutefois, sept ans maintenant après la fusion et avec le renouvellement du tiers du personnel, le passé semble assimilé et les résultats de la fusion globalement positifs.

Pour ce qui est des Caisses d'Epargne, l'éventualité d'un rapprochement entre les banques comtoise et bourguignonne avait été évoquée à plusieurs reprises dans le passé, mais c'est en 2004 qu'un véritable rapprochement est entamé. En 2005, les deux Présidents signent un « pacte fondateur » qui fixe les grands principes à suivre, les objectifs à définir et les problèmes sociaux à résoudre. Une étude de cadrage met en avant, en 2005, les complémentarités possibles, les bénéfices conjoints de ce rapprochement et, la même année, un organigramme précis est arrêté. Après diverses consultations (Comité d'Entreprise, personnels), la fusion juridique est entérinée en mai 2006. A l'inverse de la Banque Populaire, c'est ici la Caisse d'Epargne de Franche-Comté dont « le réseau commercial connaissait un développement atone » [58] qui se trouve, de fait absorbée.

Des impératifs proprement bancaires ont évidemment présidé à cette fusion : en Franche-Comté « concurrence très forte, organisée de surcroît en multirégional, exigence de compétences nouvelles, atteinte d'une bonne taille critique » [58] ; partout nécessité de réaliser des économies d'échelle, de renforcer l'agressivité commerciale. Mais par ailleurs les motivations générales sont intéressantes à noter : « la proximité géographique, institutionnelle, culturelle et économique des deux régions constitue un cadre favorable à un rapprochement des deux Caisses d'Epargne (qui veulent devenir) la banque de référence du développement régional ». [58] Ici encore, on a eu le souci d'assurer l'égalité entre les deux régions : le Conseil d'Orientation stratégique (COS) est formé des membres des anciens COS régionaux, d'un Président qui est l'ex-président du COS de Bourgogne et d'un président délégué, lui-même ancien président du COS de Franche-Comté. Une certaine autonomie est toutefois laissée à chaque région qui dispose chacune d'un comité de mission d'intérêt général. Le coût de l'opération s'est monté à 10 millions d'euros, en raison notamment des problèmes informatiques, mais l'ensemble compte actuellement environ 1 300 000 clients, 161 500 sociétaires, 243 agences, 1 800 collaborateurs.

Cette fusion a cependant soulevé l'ire du maire de Besançon qui a vu partir, une fois encore à Dijon, la direction générale d'une banque, et qui affirme dans une interview : « j'attends des mesures de compensation de cette banque, ce n'est pas acceptable » ; il trouve inadmissible que « l'écureuil de la Caisse d'Epargne place en Bourgogne les noisettes ramassées en Franche-Comté ». Le président du directoire de la banque répond que seule une quarantaine de salariés sont concernés par des mesures de mobilité géographique ou fonctionnelle, qu'il s'engage à maintenir les effectifs sur les deux régions et que la quasi-totalité des économies d'échelle réalisées sera redistribuée en Franche-Comté. L'avenir dira si les promesses seront tenues et si la réussite est au bout du chemin.

***

Même si, comme le soulignait, en 2008, une publication du CESR de Franche-Comté, les coopérations actuelles « constituent un tissu relationnel un peu lâche, qui doit plus à des exigences ponctuelles et à des nécessités isolées qu'à une véritable dessein stratégique global », la dynamique d'une collaboration entre Bourgogne et Franche-Comté semblait bien lancée. L'idée semblait prévaloir que si, dans un cadre européen, les régions devaient se renforcer, mieux valait le faire avec sa voisine la plus proche. Proche par l'histoire, l'époque des Grands Ducs d'Occident restant dans les mémoires. Proche par la distance, une distance bientôt raccourcie par la LGV Rhin-Rhône et les projets de desserte cadencée rapide. Rapprochée enfin par une économie post-industrielle où le secteur tertiaire devient primordial, comme en font foi les fusions récentes de banques.

On allait donc vers des collaborations renforcées, plutôt que vers une fusion qui ne semblait souhaitée ni vraiment par les Bourguignons, plutôt soucieux de renforcer la cohérence de leur région, ni surtout par les Comtois toujours attachés à leur identité, lorsqu'en février 2009, la commission Balladur chargée de repenser l'organisation administrative de la France propose, selon la traditionnelle vision parisienne du territoire, une fusion des deux régions !

Bourgogne/Franche-Comté : fusion ou effusions ?

La commission Balladur, chargée de préparer une éventuelle réforme administrative de la France vient donc de relancer, en février 2009, un débat que nous avons vu se développer dès le milieu du XIXe siècle, d'abord sur la nécessité de dépasser le cadre départemental puis, un siècle plus tard, sur l'opportunité de regrouper les Régions, en l'occurrence ici la Bourgogne et la Franche-Comté. On sait comment, chaque fois qu'il a été question de regrouper des départements et des régions, l'idée d'une union Bourgogne/Franche-Comté a souvent refait surface, apparaissant même comme quasiment naturelle du côté des élites politiques ou intellectuelles parisiennes. Avant d'analyser les réactions aux propositions de la commission Balladur, le moment semble donc venu de dresser, comme l'avaient fait J.P. Regad-Pellagru et M. Thiriet dans les années 1980, une sorte de bilan des avantages et des inconvénients d'une fusion Bourgogne/Franche-Comté.

Des arguments pour une fusion : l'histoire, la géographie et les économies en renfort

Les arguments historiques ne manquent pas. La fusion unirait deux régions qui, on l'a vu, ont porté le même nom (duché de Bourgogne, comté de Bourgogne), qui ont vécu à certaines époques sous un même pouvoir (royaume de Bourgogne du Haut Moyen-Âge, période des Grands Ducs d'Occident) et qui ont été marquées par une même civilisation. En effet, la Franche-Comté, où l'on n'a jamais parlé espagnol, a été influencée par la culture française, et souvent par l'intermédiaire de sa voisine bourguignonne, notamment grâce au rayonnement des abbayes de Cluny et de Cîteaux, et à l'organisation administrative apportée par les ducs de Bourgogne. Ces arguments historiques ne sont pas anodins car, aux yeux de beaucoup de Français, et on l'a dit, de beaucoup de nos gouvernants, l'association Bourgogne/Franche-Comté va de soi et ne semble pas poser problème : elle semble tout naturellement inscrite dans l'histoire. D'ailleurs, dans l'après-guerre encore, et jusqu'au début des années quatre-vingts, une trentaine de directions administratives étaient communes aux deux régions.

Une Bourgogne/Franche-Comté semble également inscrite dans le territoire. Dans le Centre-Est, elle comble un vide, entre des régions fortes : Île-de-France, Rhône-Alpes, Alsace. Elle se situe au centre d'un réseau de communications remarquable, unissant le sud et le nord de l'Europe, réseau matérialisé par plusieurs autoroutes (A6, A31, A36, A39). Une fusion de la Bourgogne et de la

Franche-Comté donnerait par ailleurs plus de poids à la nouvelle région, aussi bien en France qu'en Europe. Avec ses 2 780 000 habitants, elle se classerait par sa population au 7e rang sur 22 en France et au 37e rang sur 211 en Europe.

Des liens se sont récemment noués à la fois au niveau économique (fusion de banques), culturel (collaboration entre les universités), hospitalier (accords entre les CHRU), politique : coopération entre les Conseils Régionaux (représentation commune à Bruxelles), les Conseils Economiques et Sociaux (travaux communs), les villes capitales (projets de tramways). Mais on pourrait espérer d'une union une coordination élargie des politiques régionales, notamment en matière de transports, de tourisme, de recherche, de formation, de culture et d'économie, d'autant que, sur ce dernier sujet, les structures des deux régions se rapprochent, avec la tertiarisation accélérée de la Franche-Comté.

Enfin, et c'est certainement un des buts de la réforme proposée, une union des deux régions permettrait d'évidentes économies pour les finances collectives : un seul Conseil Régional, un seul Conseil Economique et Social, une seule Préfecture de Région, une seule direction régionale par administration et donc des réductions d'effectifs de fonctionnaires en conséquence...Face à ces arguments, dont certains paraissent incontestables, que peuvent arguer les opposants à cette fusion ?

Des arguments contre une fusion : le cœur et la raison

La raison : des arguments objectifs

Les opposants à la fusion peuvent d'abord retourner l'argument historique. Si la Franche-Comté et la Bourgogne ont vécu parfois sous un même pouvoir, elles se sont également souvent trouvé séparées, et surtout pendant les deux siècles d'autonomie comtoise dont j'ai souligné le rôle dans la formation du caractère régional : la Franche-Comté est ainsi devenue française deux siècles après la Bourgogne. Les opposants peuvent également retourner l'argument géographique, comme on l'a vu : l'organisation physique du territoire pousse plutôt la Bourgogne à regarder vers l'ouest et vers le nord, la Franche-Comté vers l'est...

L'argument du poids supplémentaire que pèserait la nouvelle région unifiée n'emporte pas complètement l'adhésion. Au niveau européen, Bourgogne et Franche-Comté ne se situent pas parmi les plus petites régions européennes. La coopération amorcée entre les deux régions peut aussi se retourner contre la fusion : n'ont-elles pas avantage à coopérer sur les secteurs où leur collaboration sera la plus efficace, plutôt que de fusionner et donc d'apparier des secteurs où leur union n'apportera rien de plus ? Ainsi que le souligne le CESR, pourtant très favorable à un renforcement des liens, « une part d'histoire commune ne suffit pas à un destin commun : deux territoires conjuguant les mêmes fragilités et sans complémentarité naturelle (ce qui serait à discuter ...) ne peuvent *a priori* chercher leur avenir dans la réunion et encore moins dans la fusion». [67]

L'argument relatif aux économies réalisées par la fusion semble plus fondé. Encore faudra-t-il choisir une capitale ! Chaque fois que les deux régions ont été réunies, que ce soit dans les projets de découpage ou dans les quelques cas où la fusion a été réalisée, Dijon, la ville la plus importante, et la plus proche de la capitale a quasiment toujours été choisie : les Bisontins accepteront-ils facilement d'être « décapitalisés » ? On peut fortement en douter... Alors, choisir une autre ville, Dole par exemple, comme j'en avais avancé l'idée au cours d'une émission télévisée ? Ce serait alors mécontenter deux capitales et occasionner des coûts de transfert et d'installation qui diminueraient les bénéfices éventuels de l'opération.

Enfin, depuis plus d'un quart de siècle maintenant, avec la première régionalisation de 1982, les pouvoirs régionaux se sont constamment renforcés et autonomisés : « au cours des dernières décennies, l'effort de décentralisation a permis aux structures administratives et décisionnelles locales d'acquérir un poids nouveau ».[67] Outre le fait que l'on voit mal pourquoi les élus régionaux se saborderaient de bonne grâce, il faut admettre que les Régions ont acquis maintenant une reconnaissance de fait. Un exemple : lorsque j'avais mené une enquête dans les campagnes du Doubs en 1976, seuls 62% des enquêtés connaissaient le nom des quatre départements formant la Franche-Comté ; en 2003, ils étaient 91% dans ce cas. Sans être aussi enracinées que les départements, les Régions sont ainsi devenues des territoires vécus que les citoyens verraient bousculer d'un mauvais œil. A ces arguments rationnels s'ajoutent des réserves plus subjectives.

Le cœur : des arguments affectifs

Malgré de réelles avancées au plan des collaborations, bien des arrière-pensées demeurent, qui ressurgiraient inévitablement en cas de fusion, en particulier la rivalité entre Dijon et Besançon pour le choix d'une capitale. Des exemples récents, sur des problèmes pourtant moins essentiels montrent que la compétition demeure. A l'occasion de l'implantation à Dijon du magasin Ikéa et de la salle de spectacle du Zénith, l'Hebdo de Besançon a posé à ses lecteurs la question suivante : « Besançon est-elle vampirisée par Dijon ? » *(doc. 16)* et les lecteurs, ou les journalistes, d'y aller de leur point de vue ; ces derniers font par exemple remarquer que, si les Bisontins viennent à Dijon, c'est uniquement pour Ikéa : on ne les voit pas au centre ville ; sous-entendu, la ville même de Dijon n'intéresse pas les Bisontins... A chaque classement des villes françaises par des hebdomadaires, chacun va immédiatement voir laquelle des deux

BESANÇON EST-ELLE VAMPIRISÉE PAR DIJON ?

→ **"D'abord, bravo pour la question** parce que tout le monde se la pose et qu'elle devient d'actualité... ! Moi qui suis franc-comtois de naissance, avec une entreprise à Besançon dont le siège social est à Dijon, il me semble évident (mais ça ne l'était pas il y a 4 ou 5 ans) que chacune se positionne sur un secteur bien défini : Besançon sur la mécanique et la micro-mécanique, et Dijon sur l'agro-alimentaire. Au niveau infrastructure, et à travers leurs instances consulaires, deux points essentiels les différencient :

- sur décision de la municipalité, du département et de la région, Dijon réactive l'aéroport en 2007, outil indispensable pour un business national et international.
- Dijon dispose d'une école supérieure de commerce, ce qui n'est toujours pas le cas à Besançon, même pas à travers un partenariat.

Extrait : l'Hebdo de Besançon Août 2000

Document 16. Besançon est-elle vampirisée par Dijon ?

« coiffe » l'autre. Comme les classements varient en fonction des critères, chacun y trouve son compte, sauf si les écarts sont vraiment trop grands. Ainsi, en 2004, selon *L'Express*, en matière de dynamisme économique Besançon dépasse Dijon, mais selon *L'Entreprise*, Dijon se classe en tête des villes françaises, alors que Besançon peine au 25e rang : ce qui entraîne une intervention du maire de cette dernière, demandant « qu'on nous juge sur les mêmes critères ».

Autre exemple. Alors que l'implantation d'un aéroport régional à Dole-Tavaux, à mi-chemin entre les deux capitales, semble aller dans la logique d'un aménagement du territoire bien conçu, un programme *Renaissance de l'Aéroport de Dijon* a été lancé en 2006, dans lequel le Conseil Régional de Bourgogne, le Conseil Général de Côte-d'Or et le Grand Dijon vont injecter 15 millions d'euros sur 8 ans pour améliorer les infrastructures et renouer avec des trafics réguliers vers Bordeaux, Toulouse puis Rennes, Nantes et vers des aéroports internationaux avec Ryan Air : on espère 265 000 passagers en 2013. Au cours de la présentation de l'autosaisine du CESR, en janvier 2007, dans son discours d'ouverture, le Président du Conseil Régional de Franche-Comté a d'ailleurs regretté que cette décision ait été prise sans qu'il en soit averti.

Les premières réactions au big-bang de la « fusion Balladur » (2009)

Alors que personne, ou presque, ne pensait plus à une éventuelle fusion des deux Régions et que l'on semblait aller plutôt, comme on l'a vu plus haut, vers un renforcement des collaborations, la proposition de la Commission Balladur a fait l'effet d'un « big-bang territorial », selon le titre du *Bien Public* de Dijon qui consacre dès le 24 février 2009 une page entière à la question. On aurait pu penser que les Bourguignons seraient assez favorables à cette proposition, comme l'était, en 2008, R. Poujade, ancien maire de Dijon, dans une interview à la Gazette de Dijon : « la bonne région, selon moi, est la Bourgogne/Franche-Comté. Elle aurait plus de poids économique, plus de potentiel démographique, plus de capacité à répondre aux tentations centrifuges de la région Bourgogne (...). Cette région Bourgogne/Franche-Comté est une idée forte qui nous a manqué ». Or les réactions à la fusion sont plutôt mitigées ou même franchement défavorables, même du côté bourguignon.

Côté bourguignon : de l'opposition au scepticisme

Dans la page du *Bien Public* citée plus haut, le Président du Conseil Régional de Bourgogne, François Patriat, juge dans un premier temps, la fusion « improbable ». Il assure que les régions ont certes « des synergies à développer dans le domaine de la recherche, de l'université, de la santé, des transports ; en revanche, de là à fusionner les deux régions (...). Pour moi, cette réponse n'est pas la bonne ». Ce qui signifie évidemment qu'il refuse la fusion. D'autant qu'il souhaite plutôt que « les régions aient des compétences bien identifiées (économie, recherche, aménagement du territoire, formation professionnelle) » et qu'il conclut « dans ce périmètre-là, la région n'a pas besoin de fusionner ».

Dans la même page du journal, son homologue comtoise, Marie-Guite Dufay, s'étonne que l'on argumente de la petitesse des régions françaises pour les fusionner : « de nombreux pays européens comptent des régions plus petites » ou comme en Allemagne, « s'appuient sur une organisation territoriale différente ». Elle souhaite elle aussi plutôt une clarification des compétences et insiste sur le fait que « la région n'est pas une construction technocratique, mais la reconnaissance d'une identité forgée par l'histoire qui s'appuie sur des réalités quotidiennes ». Elle rappelle que « des actions de coopération sont engagées entre les régions Bourgogne et Franche-Comté. Elles peuvent se développer lorsqu'elles sont nécessaires, sans exiger une fusion entre les collectivités ».

Toujours dans le même document, Pierre Bodineau, ancien Président du Conseil Economique et Social de Bourgogne et qui, on le sait, n'a cessé d'encourager le rapprochement entre les régions, est plus circonspect. En effet, s'il juge l'idée d'une fusion « intéressante », « à débattre à condition qu'elle se fasse dans la concertation », en bon connaisseur des réalités locales, il reste « sceptique », car si le mariage peut être « séduisant intellectuellement (...), il est souvent difficile à mettre en place sur le terrain » ; et il prend l'exemple du PRES (Pôle de Recherche et d'Enseignement Supérieur), commun aux deux universités pour lequel il attend désormais « du concret et pas seulement de bonnes intentions ». Il souligne notamment trois difficultés pour ce mariage dont il estime qu'il ne serait « pas facile à réaliser » : les deux régions « sont différentes dans leur personnalité, leur démographie et leur géographie » ; « la Bourgogne est déjà plus grande que la Belgique. Lui ajouter encore la Franche-Comté serait en faire une région vraiment immense » ; enfin, « sur une carte des deux régions, Dijon occupe une place centrale qui semblerait destinée au rôle de capitale. Mais les Bisontins ne seraient sans doute pas d'accord avec ce constat... ». Et le journaliste d'ajouter : « une façon également d'indiquer que la politique, ses accords et ses rivalités finirait forcément par s'inviter dans l'histoire de cette fusion ».

Dans une émission commune à la Bourgogne et à la Franche-Comté consacrée sur FR3 à la question de la fusion, le député-maire de Beaune, Alain Suguenot, constate que « si nos régions françaises sont trop petites et trop faibles, l'assemblage de la Bourgogne et de la Franche-Comté serait difficile à mettre en place, car elles ont eu des histoires séparées, et que ce n'est pas le plus urgent. Il faut d'abord faire la Bourgogne ».

Côté comtois : opposition au nom de l'identité régionale

En Franche-Comté, l'Est Républicain est plus discret sur la question, mais publie le 1e mars 2009, une interview de Joseph Pinard au titre explicite « *La fusion : un débat déjà tranché* », en ce sens qu'il est évident que, pour ce professeur d'histoire et ancien député, la fusion n'est pas à l'ordre du jour. Dans cette interview, après avoir rappelé quelques-uns des éléments de l'histoire des relations entre les deux régions (dont certains que j'ai utilisés plus haut à partir de la propre documentation de J. Pinard), celui-ci voit au moins deux raisons de s'opposer à la fusion. La première c'est l'unité d'une région certes « née comme d'autres d'un accident de l'histoire, la mort de Charles le Téméraire lors de la bataille de Nancy en 1477 qui signa la fin de la Lotharingie » mais qui s'est forgée une identité et un « tempérament » au fil des siècles, et souvent dans l'épreuve. Il rappelle que « quand les lois de décentralisation ont été discutées en 1981 (Besançon) n'accueillait que deux directions interrégionales, les haras et la garantie des métaux précieux, contre vingt-cinq à Dijon. Notre boulot (lorsqu'il était député) a été de les lui donner ».

Le même article poursuit : « la gauche ayant décidé de remplacer les circonscriptions d'action régionale par des régions de plein exercice, Joseph

Pinard a donc déposé un amendement en ce sens à l'Assemblée afin qu'un décret fixe la liste des administrations et services auxquels toute ville capitale a droit. Il s'agissait de faire en sorte que les citoyens et acteurs économiques aient les interlocuteurs indispensables sur place ». Et l'article continue : « on ne s'étonnera pas, dans ces conditions, que Joseph Pinard rejette la « proposition » de la commission Balladur. Ce n'est pas par chauvinisme mais simplement à partir d'une question : cette réforme serait-elle bénéfique ou nuisible pour la Franche-Comté ? ». Et l'article termine : « entre la perte d'influence et la baisse de qualité des services rendus à la population qui découleraient selon lui d'une telle mesure, l'ancien député et historien n'a guère de doute sur la réponse ».

Dans l'émission de FR3, commune à la Bourgogne et à la Franche-Comté signalée plus haut, le Vice-président du Conseil Régional de Franche-Comté affirme : « personnellement, et c'est aussi l'avis de la majorité socialiste du Conseil, je ne suis pas favorable à une fusion » et ce, moins par crainte d'une annexion de la Franche-Comté par la Bourgogne qu'en raison de l'existence d'une identité régionale qui s'est affirmée depuis 1983 : « les Comtois connaissent bien leur région, ils identifient bien le Conseil Régional et sa Présidente. Une identité régionale s'est mise en place petit à petit, une solidarité s'est mise en place. Aujourd'hui, nous n'avons plus de divergence entre le Nord et le Sud, l'Est et l'Ouest, entre Besançon, Belfort-Montbéliard, Lons-le-Saunier. La cohérence régionale est tout à fait confirmée ».

A une question d'un téléspectateur souhaitant des régions plus grandes, à l'image de celles de l'Allemagne, le Vice-président du Conseil Régional répond qu'il existe de petites régions en Allemagne, que celle-ci est confédérale et donc que l'on n'est pas dans la même situation. La vraie réponse, pense-t-il est dans une coopération nécessaire et efficace, et il prend des exemples qui ont été développés plus haut : les Universités qui se sont rapprochées, le pôle de compétitivité Vitagora où Comtois et Bourguignons collaborent efficacement, et la LGV (Rhin-Rhône), projet que les deux régions, ainsi que l'Alsace et Rhône-Alpes, ont soutenu. « On veut nous faire croire que si on avait des régions plus grandes on serait efficace, alors que c'est la coopération, dans les domaines que nous choisirons, qui sera efficace ». Joseph Parrenin déclare enfin qu'une fusion amènerait des discussions sans fin à propos de la capitale (Dijon ? Besançon ? Dole ?) et que, en période de crise, on a mieux à faire qu'à débattre sur ce genre de question.

La question semble donc effectivement tranchée : la fusion ne se fera pas s'il n'y a pas obligation. Or le Secrétaire d'Etat aux collectivités territoriales, Alain Marleix, a déclaré, au nom du gouvernement : « il n'y a pas dans le rapport Balladur de liste de collectivités promises à la disparition, juste des outils juridiques pour des fusions volontaires (...) ; il n'y aura rien d'imposé ». La question semble d'autant plus réglée que, selon un des participants à la commission Balladur (M. Verpeaux) et malgré les articles et les cartes parues dans la presse, la fusion entre la Bourgogne et la Franche-Comté n'a jamais été évoquée ! Quoi qu'il en soit, parmi les multiples projets de réforme des circonscriptions administratives que la France a connus, l'épisode Balladur a eu au moins le mérite de faire le point sur les relations entre la Bourgogne et la Franche-Comté. D'un côté comme de l'autre, le rejet de la fusion, au profit de collaborations ciblées, apparaît massif. Encore faut-il savoir quelles sortes de collaborations engager et pourquoi les engager entre la Bourgogne et la Franche-Comté plutôt qu'avec d'autres régions voisines.

Collaborer, avec qui et sur quoi ?

Collaborer : avec qui ?

En dehors des collaborations que Bourgogne et Franche-Comté entretiennent déjà entre elles, les deux régions coopèrent avec d'autres régions voisines, notamment dans cadre du Grand Est, avec l'Alsace, la Champagne-Ardenne et la Lorraine. Mais, selon le CESR de Franche-Comté, le Grand Est n'apparaît pas comme un partenaire fiable : son « hétérogénéité géographique et historique rend très difficile un regroupement pouvant d'ailleurs être vécu comme une perte d'identité régionale ».[67] On l'a constaté à propos de la représentation commune à Luxembourg : Bourgogne et Franche-Comté, se sentant mal représentées par cet organisme, car un peu écrasées par les intérêts de voisines plus puissantes ou peu intéressées par une collaboration, se sont donné une représentation particulière.

L'ancien Président du Conseil Régional de Franche-Comté, R. Forni, lors de la réunion des deux CESR à Besançon, en janvier 2007 a bien expliqué ce que ressentent les Comtois par rapport à leurs puissantes voisines. Pourtant Belfortain et originaire de Delle, ville située à la « frontière » avec l'Alsace, il affirmait que, contrairement à ce que beaucoup croient, les relations de la Franche-Comté avec sa voisine alsacienne ne vont pas de soi car, d'une part, il existe une coupure culturelle entre les deux régions, d'autre part, l'Alsace regarde ailleurs, sous-entendu, vers l'Allemagne. Côté région lyonnaise, il estimait le poids trop disproportionné : « c'est un autre monde », coupé de la Franche-Comté, coupure symbolisée, selon lui, par l'arrêt de l'autoroute de Lyon à Oyonnax, juste à la frontière de la région. Le sentiment des Bourguignons, notamment vis-à-vis de la région lyonnaise ne doit pas être très différent. Il semble donc logique que la collaboration s'organise plutôt entre Bourgogne et Franche-Comté, régions de taille comparable partageant une longue « frontière » commune et dont les capitales sont proches, plutôt qu'avec d'autres régions de plus grande taille et plus éloignées.

Collaborer sur quoi ?

C'est dans ce contexte que le CESR de Franche-Comté a mené, en 2006, une réflexion sur les possibilités de collaboration entre Bourgogne et Franche-Comté, réflexion oscillant, selon les propres termes du rapport, entre « l'utopie et le réalisme ». C'est à ce rapport, intitulé « Bourgogne et Franche-Comté face à leur avenir », présenté officiellement aux deux CESR à Besançon en janvier 2007, que je vais emprunter les conclusions qui vont suivre. [67]

Le but serait de parvenir, à l'horizon 2012, à un « programme de coopération interrégionale faisant l'objet d'une convention de coopération entre les deux régions. Ce programme viserait à renforcer les liens entre les deux régions dans les domaines de l'économie, de la formation, des transports, du tourisme et de la culture », et j'ajouterai de la recherche. Le CESR de Franche-Comté propose donc, « pour promouvoir un stratégie territoriale de rayonnement européen et international », une démarche en deux temps, commune aux deux CESR. Le groupe de travail comtois actuel se transformerait en groupe permanent de réflexion et, simultanément, le CESR de Bourgogne constituerait son propre groupe. En 2010, les deux CESR, ayant échangé régulièrement leurs informations, proposeraient des axes de travail aux deux Conseils Régionaux et à tous les décideurs concernés. Le rapport remarque que « les bases existent déjà en Franche-Comté avec le Schéma Régional d'Aménagement et de Développement Durable du Territoire qui prône la coopération avec les régions voisines et particulièrement la Bourgogne, le Schéma Régional des Infrastructures et des Transports, avec les branches Ouest et Sud du TGV Rhin-Rhône ainsi que la ligne TER Dijon-Belfort, la Stratégie Education Formation 2010 qui fait référence à la coopération entre régions ». Ainsi, outre les collaborations existantes (université, banques surtout), quatre types de collaborations sont proposés : transports, tourisme et culture, économie.

Le secteur des transports offre plusieurs types de collaborations potentielles. Dans le cadre du Réseau Métropolitain Rhin-Rhône (RMRR) et de la LGV (Ligne à Grande Vitesse) Rhin/Rhône, l'idée d'une desserte cadencée par un TERGV (Transport Express Régional à Grande Vitesse) sur la Ligne à Grande Vitesse, entre Mulhouse et Dijon et éventuellement Chalon-sur-Saône est envisageable, le problème de la cadence à adopter restant à définir : si une cadence horaire est souvent adoptée entre de grandes agglomérations, la population concernée par le RMRR est-elle suffisante pour adopter ce rythme ? Envisageable également, mais à plus long terme, un TER GV Mulhouse-Lyon, par Besançon et le Revermont, sans passer par Dijon. Des tarifs combinés TER-transports urbains sont envisagés, de même qu'un pass TER commun à l'Alsace, la Franche-Comté et la Bourgogne. Plus prosaïquement, le CESR fait référence à l'Euro véloroute des fleuves, liaison de Nantes à Budapest ou encore celle de la Belgique à la Bourgogne, par la Haute-Saône, dédiée à Charles le

Téméraire. En revanche, côté aéroport les collaborations envisageables sont bien minces depuis que les Dijonnais ont relancé l'aéroport de Longvic pour une dizaine d'années au moins, ou plus si réussite ; au mieux peut-on envisager de spécialiser l'aéroport de Tavaux dans le fret, en relation notamment avec la plate-forme multimodale de Pagny-le-Château (21), située à une quinzaine de kilomètres.

Côté tourisme, le CESR propose aux Comité Régionaux du Tourisme (CRT) de faire « cause commune sur tous les marchés étrangers » de façon à tirer parti au mieux des « richesses naturelle, paysagère, patrimoniale, culturelle des deux régions ». Le tourisme fluvial pourrait faire l'objet de produits touristiques communs ainsi que la « mise en valeur touristique et culturelle de la Saline royale d'Arc-et-Senans et des Hospices de Beaune », joyaux patrimoniaux civils des deux régions. En matière plus spécifiquement culturelle, le CESR propose aux deux CRT de créer, par exemple, un portail Internet unique qui permettrait un affichage commun des sites patrimoniaux et culturels des deux régions et de plusieurs manifestations :« Festivals de musique de rues de Besançon (devenu Sonorama en 2009) et Saint-Claude, Festival International des Musiques Universitaires, Festival International de Musique de Besançon, « Chalon dans la rue », « Réveillon des Boulons » à Montbéliard, Eurockéennes de Belfort, qui « dessinent un avenir enviable pour la Franche-Comté et la Bourgogne comme espace national de référence en ce domaine ».

D'autres collaborations sont encore proposées par le CESR : alternance du Salon des Antiquaires entre Besançon et Dijon pour le faire rayonner plus largement, « mise en réseau des Agences de développement économique, organisation conjointe avec la Bourgogne de Micronora (Salon de la micromécanique) ou de symposiums universitaires, forfaits touristiques d'une semaine proposant une participation à la Saint-Vincent tournante et à la Percée du Vin Jaune qui se suivent à une semaine d'intervalle ». Je ne reviendrai pas sur la collaboration des deux Universités dans le domaine de la recherche et de la formation puisque le futur est déjà là.

Dans le domaine économique, qui ressort surtout du domaine privé, les collaborations sont évidemment plus difficiles à impulser et plus encore à prévoir. Dans le domaine automobile, outre l'élargissement du pôle de compétitivité « Véhicule du futur » aux transports terrestres en relation avec Alstom, qui concerne surtout le nord-est de la Franche-Comté, une possibilité d'y associer la Bourgogne existe en intégrant dans ce pôle l'Institut Supérieur de l'Automobile de Nevers-Magny-Cours. D'autres partenariats pourraient se nouer entre les deux régions, l'une comme l'autre très forestières, dans la filière bois ; le pôle « Microtechniques » de Besançon pourrait s'orienter vers le biomédical en collaboration avec les deux Centres Hospitaliers Régionaux Universitaires qui, eux-mêmes, pourraient ainsi devenir un pôle de recherche labellisé « Réseau Thématique de recherche Avancée » sur le thème « Santé et microtechniques ».

***

De nombreuses barrières ont déjà sauté entre les deux régions et les dernières années ont sensiblement renforcé leurs collaborations, ce qui ne signifie pas qu'elles vont vers la fusion. Quand il y a fusion, on ne fait plus qu'un, on n'a plus de choix. Quand on collabore, chacun garde sa personnalité : on discute, on se dispute, on se congratule. La cause semble donc entendue : à une fusion, Bourgogne et Franche-Comté préfèrent les effusions. En somme, après le « je t'aime, moi non plus », pourquoi pas le « je t'aime, moi aussi » ?

Bibliographie

Ouvrages

1. Bancal J., 1945, *Les circonscriptions administratives de la France. Leurs origines et leur avenir,* Paris, Sirey.
2. Baticle Y, Chapuis R., Charrier J.B., Chiffre J., Legras D., Levêque P., 1987, *La Bourgogne*, Roanne, Horvath.
3. Bavoux J.J., 1994, Le *« carrefour » bourguignon, analyse d'un espace de circulation*, Paris, CNRS éditions.
4. Boichard J. (dir.), 1991, *Encyclopédie de la Franche-Comté*, Besançon, La Manufacture.
5. Bonnamour L., 2000, *Archéologie de la Saône : 150 ans de recherche,* Paris, Errance.
6. Bonnamour L., 1981, *La Saône, une rivière et des hommes*, Paris, Bonneton.
7. Brelot Cl.I., 1972, *La noblesse en Franche-Comté de 1789 à 1808*, Besançon, Annales Littéraires de l'Université de Besançon,
8. Brelot Cl.I., 1992, *La noblesse réinventée, Nobles de Franche-Comté de 1814 à 1870*, Besançon, Annales Littéraires de l'Université de Besançon.
9. Brunet R, Claval F., 1973, *Bourgogne, Franche-Comté*, Paris, Larousse.
10. Brun M., 1938, *Départements et régions*, Paris, Les Presses modernes.
11. Calmette J., 1964, *Les Grands Ducs de Bourgogne*, Paris, A. Michel.
12. Chabot G., 1941, *La Bourgogne*, Paris, A. Colin.
13. Chapuis R. ,Collinet J.P., Gras C., Laurencin A. et C., Portet F., Taverdet G., Thevenot J.P., Vignier F., 2001, *Bourgogne*, Paris, Bonneton.
14. Chapuis R., 2000, *Bourgogne*, in La France dans ses régions (3e éd.), Paris, Sedes.
15. Charles-Brun J. 2004, *Le régionalisme*, Paris, Cths (réédition de l'ouvrage de 1911).
16. Chaume M., 1925-1931, *Les origines du duché de Bourgogne* (4 vol), Paris.
17. Claval P., 1978, *Atlas et géographie de la Haute Bourgogne et de la Franche-Comté*, Paris, Flammarion.
18. Collectif, s.d., *Atlas des paysages de Franche-Comté,* Besançon, Direction Régionale de l'Environnement.
19. Courtieu J. (dir.), *L'histoire de Franche-Comté*, 8 vol., Wettolsheim, Mars et Mercure, 1978-1979.
20. Chomel V., Ebersolt J., 1951, *Cinq siècles de circulation internationale vue de Jougne. Un péage jurassien du XIIIe au XVIIIe siècle*, Paris, A. Colin.
21. Daumas J.C., Tissot L., 2004, *L'Arc jurassien, Histoire d'un espace frontalier*, Morges, Vesoul, Cabédita, Maé-Erti.
22. Delsalle P., 2000, *La Franche-Comté au temps de Charles Quint* (documents), Besançon, Presses Universitaires de Franche-Comté.

23. Delsalle P., 2002, *La Franche-Comté au temps des Archiducs Albert et Isabelle* (documents) Besançon, Presses Universitaires de Franche-Comté.
24. Dubois H., 1976, *Les foires de Chalon et le commerce de la vallée de la Saône à la fin du Moyen Âge (vers 1280-vers 1430),* Paris, Publications de la Sorbonne.
25. Dumont G.F., 2004, *Les régions et la régionalisation en France*, Paris, Ellipses.
26. Febvre L., 1976, *Philippe II et la Franche-Comté*, Paris, Fondation Thiers.
27. Febvre L., 1912*, Histoire de la Franche-Comté*, Boivin (réédition 1976).
28. Fiétier R. (dir.), 1977, 1985, *Histoire de la Franche-Comté*, Toulouse, Privat.
29. Finot J., 1878, *Etude de géographie historique sur la Saône, ses principaux affluents et le rôle qu'elle a joué comme frontière dans l'Antiquité et le Moyen Âge*, Vesoul, L. Bon.
30. Fohlen Cl., 1964, 1965, 1982, *Histoire de Besançon*, 2 vol., Paris, Nouvelle Librairie de France.
31. Garnot B., 1996, *Vivre en Bourgogne au XVIIIe siècle*, Dijon, Editions Universitaires de Bourgogne, 352 p.
32. Grataloup Ch**.,** 1996, *Lieux d'histoire, Essai de géohistoire systématique*, Montpellier, Reclus.
33. Gravier J.F., 1947, *Paris et le désert français*, Flammarion.
34. Gresser P., 1989, *La Franche-Comté au temps de la guerre de Cent Ans,* Besançon, Cêtre.
35. Gresser P., Royer C., Dondaine C., Thierry A., Wieber J.C., Boichard J., 1983, *Franche-Comté*, Paris, Ch. Bonneton.
36. Grosperrin B.,1967, *Le sentiment national français en Franche-Comté, de la conquête à la Révolution (1674-1789)*, Besançon, Cahiers d'Etudes Comtoises, t.11.
37. Kleinclausz A., 1976, *Histoire de la Bourgogne.*
38. Lerat L., Brelot J., Gresser P., Gresset M., Marlin, 1982, *Histoire de la Franche-Comté*, Paris, PUF, (Que sais-je ?).
39. Lévêque P., 2006, *La Bourgogne de Lamartine à nos jours*, Dijon, Editions Universitaires de Dijon.
40. Lévêque P., 1996, dir., *La Côte d'Or : de la Préhistoire à nos jours*, Saint-Jean-d'Angely, Bordessoules, 476 p.
41. Lévêque P., (dir.), 1991, 1993, *La Franche-Comté*, 2 vol., Pau, Société nouvelle d'éditions régionales et de diffusion.
42. Locatelli R., Brelot Cl.I., Debard J.M., Gresset M., Solnon J.F., 1982, *La Franche-Comté à la recherche de son histoire (1800-1914)*, Besançon, Annales Littéraires de l'Université de Besançon.
43. Mayaud J.L., *Les secondes républiques du Doubs, Besançon*, Annales Littéraires de l'Université de Besançon.
44. Miossec J.M., 2008, *Géohistoire de la régionalisation en France, L'horizon régional*, Paris, PUF.

45. Pernot F., *La Franche-Comté espagnole. A travers les archives de Simancas, une autre histoire des Franc-Comtois et de leurs relations avec l'Espagne de 1493 à 1678*, Besançon, Presses Universitaires de Franche-Comté.
46. Regad-Pellagru J.P., Thiriet M., 1981, *L'économie de la Bourgogne et de la Franche-Comté*, Paris, Ellipses.
47. Régionale des professeurs d'histoire et de géographie, 1986, *Histoire de la Franche-Comté de 1789 à nos jours*, Besançon, CRDP.
48. Solnon J.F., 1983, *Quand la Franche-Comté était espagnole*, Paris, Fayard.
49. Richard J. (dir.), 1988, *Histoire de la Bourgogne*, Toulouse, Privat.
50. Vernus M., 1983,1985, *La vie comtoise au temps de l'Ancien Régime*, 2 vol., Lons-le-Saunier, Marque-Maillard.
51. Vidal de la Blache P., 1903, *Tableau de la géographie de la France, réédition, Paris, La Table Ronde (1994).*
52. Walter H., Gresser P., Gresset M., Gavoille J., 2006, *Histoire de la Franche-Comté*, Besançon, Cêtre.

Articles, documents divers

53. Antoine S., 1960, Les régions de programme et la géographie administrative française, Revue administrative.
54. Bodineau P., 2000, Les relations Bourgogne-Franche-Comté et leurs avatars hier et aujourd'hui, Texte d'une conférence aux Rencontres internationales universitaires de Lotharingie, Le Creusot.
55. Bodineau P., 1977, Aux origines de la coopération interrégionale : la collaboration entre les intendants de Bourgogne et de Franche-Comté à la fin de l'Ancien Régime, Cahiers de l'Association Interuniversitaire de l'Est, n°19.
56. Bonnamour L., 1999, La Saône : des métiers et des hommes,Salsa, n°35.
57. Bonnamour L., 1994, Archéologie d'une rivière : la Saône, in L'archéologie sous les eaux, Paris, Errance.
58. Caisse d'Epargne de Bourgogne Franche-Comté, 2006, Dossier de presse de la fusion des deux caisses, Dijon, Besançon.
59. Chevallier M., 1960, Pour que Besançon devienne une véritable capitale régionale, Réalités franc-comtoises, n°40.
60. Chatriot A., 2004-2005, Vichy s'est-il voulu régionaliste ?, Arkheia.
61. Conseil Economique et Social de Franche-Comté/Insee, 2007, Bourgogne et Franche-Comté face à leur avenir, Besançon, brochure.
62. Conseil Economique et Social de Franche-Comté, 2008, Bourgogne et Franche-Comté face à leur avenir, Besançon, brochure.
63. Conseil Régional de Franche-Comté, 2005, Schéma Régional d'Aménagement et de Développement Durable du Territoire, Projet, Besançon, Conseil Régional.

64. Conseil Régional de Franche-Comté, 2005, Premières Assises de l'Aménagement et de Développement durable, synthèse des interventions, Besançon, Conseil Régional.
65. Gavoille J., 1997, Besançon capitale (?) au temps du régionalisme (fin XIXe-premier XXe siècle), Mémoires de la Société d'Emulation du Doubs, n°39.
66. Gresset M., 1977, Les Franc-Comtois entre la France et l'Empire, Colloque de Strasbourg, Régions et régionalisme en France du XVIIIe siècle à nos jours.
67. Insee, 2007, La Bourgogne et la Franche-Comté, Besançon, autosaisine du CESR de Franche-Comté.
68. Insee, 2006, Insee, Emplois métropolitains supérieurs : un atout à renforcer, Bourgogne dimensions, octobre.
69. Landry N. et al., 2006, Réseau métropolitain Rhin-Rhône, Mémoire de l'IUP de l'Université de Franche-Comté (dir. P. Caro, E. Noirjean).
70. Olivier O., 2004-2005, Pierre Barral, un historien précurseur, Arkheia.
71. Pinard J., 1994, Nous voulons rester comtois, Besançon Votre Ville, n° de mars.
72. Rigault J., 1976, Le commerce entre la Bourgogne et la Franche-Comté d'après une enquête de 1552, Lille, Actes du 101e Congrès National des Sociétés Savantes.
73. Vidal de la Blache P., 1910, Régions françaises, Revue de Paris.

Interviews et documentation locale

Bauchery (Patricia), service communication des Banques Populaires de Bourgogne-Franche-Comté.

Bodineau (Pierre), ancien Président du Conseil Economique et Social de Bourgogne.

Camus (Marc), Bonsacquet (Christian), Insee Dijon.

Ferrand (Gérard), ancien journaliste de la presse écrite et télévisée en Bourgogne et Franche-Comté.

Marmet (Chantal), communication de la direction de FR3 Bourgogne-Franche-Comté.

Recouvrot (Christine), service communication de la Caisse d'Epargne Bourgogne-Franche-Comté.

Tournier M., Communauté d'Agglomération du Grand Dijon, responsable des relations avec Besançon et la Métropole Rhin-Rhône.

Table des photos

Table des documents

Table des figures

Table des matières

L'HARMATTAN, ITALIA
Via Degli Artisti 15 ; 10124 Torino

L'HARMATTAN HONGRIE
Könyvesbolt ; Kossuth L. u. 14-16
1053 Budapest

L'HARMATTAN BURKINA FASO
Rue 15.167 Route du Pô Patte d'oie
12 BP 226 Ouagadougou 12
(00226) 76 59 79 86

ESPACE L'HARMATTAN KINSHASA
Faculté des Sciences Sociales,
Politiques et Administratives
BP243, KIN XI ; Université de Kinshasa

L'HARMATTAN GUINÉE
Almamya Rue KA 028 en face du restaurant le cèdre
OKB agency BP 3470 Conakry
(00224) 60 20 85 08
harmattanguinee@yahoo.fr

L'HARMATTAN CÔTE D'IVOIRE
M. Etien N'dah Ahmon
Résidence Karl / cité des arts
Abidjan-Cocody 03 BP 1588 Abidjan 03
(00225) 05 77 87 31

L'HARMATTAN MAURITANIE
Espace El Kettab du livre francophone
N° 472 avenue Palais des Congrès
BP 316 Nouakchott
(00222) 63 25 980

L'HARMATTAN CAMEROUN
Immeuble Olympia face à la Camair
BP 11486 Yaoundé
(237) 458.67.00/976.61.66
harmattancam@yahoo.fr

L'HARMATTAN SÉNÉGAL
« Villa Rose », rue de Diourbel X G, Point E
BP 45034 Dakar FANN
(00221) 33 825 98 58 / 77 242 25 08
senharmattan@gmail.com

655649 - Mai 2016
Achevé d'imprimer par

1livre.com
du rêve à la réalité !

www.ingramcontent.com/pod-product-compliance
Lightning Source LLC
LaVergne TN
LVHW021219061026
849535LV00008B/2821
* 9 7 8 2 2 9 6 1 1 2 5 8 2 *